普通高等院校"十四五"工科专业精品教材

机械故障诊断学教学案例

编著 吴松林　杨　军

主审 王引卫　仝崇楼

东南大学出版社
SOUTHEAST UNIVERSITY PRESS
·南京·

内 容 提 要

机械故障诊断学是一门硕士专业学位研究生课程,这门课程的学习是机械专业研究生培育的重要环节,对研究生确定职业规划和树立正确的价值观有着潜移默化的影响。在多年的精品课程、课程思政、教材和实验室建设以及教学实践中,编著者积累了丰富的教学案例,现从中选出 7 类约 20 余个具有代表性的案例,按照《西京学院专业学位研究生课程案例评审标准》及《西京学院专业学位研究生课程案例编写规范》编写了本书。以机械故障诊断学涵盖的经典内容为重点,介绍了新技术及其在生产实际中的应用,致力于培养学生"制造强国、强国有我"的信念,使他们在知识学习、应用案例分析过程中获得强烈的技术报国使命感和责任感。

全书共 7 个部分,分别为:基于机器视觉的状态监测与特征识别、机加工表面拓扑结构特征分析、转轴组件的振动监测及故障诊断方法、机器运行状态的在线监测及故障诊断、基于多层感知器的滚动轴承故障诊断、润滑油液磨损残余物的监测、故障树分析方法及其应用。每章后附有案例涉及的主要知识点的总结、案例使用说明及练习题。

本书以工程应用型教育教学为主要目的,力求在满足适用性、实用性的同时,强化工程实际应用,突出对学生能力的培养,并反映机械故障诊断技术发展的新成果和新动向。本书可作为机械专业硕士专业学位研究生专业课的辅助参考资料,也可以作为四年制本科高等教育相关专业的专业课参考教材,还可以为其他专业(如工业自动化、化工机械等)及相关工程技术人员提供参考。

图书在版编目(CIP)数据

机械故障诊断学教学案例 / 吴松林,杨军编著. —
南京:东南大学出版社,2024.6
ISBN 978-7-5766-1265-3

Ⅰ.①机… Ⅱ.①吴… ②杨… Ⅲ.①机械设备-故障诊断-教案(教育)-研究生-教材 Ⅳ.①TH17

中国国家版本馆 CIP 数据核字(2024)第 099594 号

责任编辑:弓 佩　　责任校对:韩小亮　　封面设计:毕 真　　责任印制:周荣虎

机械故障诊断学教学案例

编　　著:吴松林 杨 军
出版发行:东南大学出版社
社　　址:南京市四牌楼 2 号　邮编:210096
出 版 人:白云飞
网　　址:http://www.seupress.com
电子邮箱:press@seupress.com
经　　销:全国各地新华书店
印　　刷:广东虎彩云印刷有限公司
开　　本:787 mm×1092 mm　1/16
印　　张:10.5
字　　数:215 千字
版 印 次:2024 年 6 月第 1 版第 1 次印刷
书　　号:ISBN 978-7-5766-1265-3
定　　价:39.00 元

前　言

机械故障诊断学是一门硕士专业学位研究生专业课程,同时也是机械类专业本科高年级学生的一门专业选修课。在长期的教学实践中,编著者在课程建设、教育教学改革、实验室建设及教学案例库建设等方面积累了较为丰富的经验。近年来,重新规划了课程体系,更新了教学内容、实验指导书及教学大纲。本书就是在此基础上编写的,以机械类专业学位研究生教育为目的,强化工程实际应用,突出研究生或高年级本科生工程实践能力的培养,注重反映机械故障诊断技术发展的新成果和新动向。

本书以案例形式展开讨论,以机械故障诊断及机器运行状态监测技术为重点,介绍了各类新技术、新方法在企业生产实践中的应用,力求使读者能较全面地理解和掌握工程诊断相关的主要技术方法。本书可作为机械、自动化、测试仪器仪表等专业研究生或本科生相关课程的参考书,也可供其他专业(如力学、化工机械等)选用。

本书分 7 类共 20 余个教学案例,主要包括机械故障诊断中机械图像分析及特征识别方法、机械故障智能诊断方法、机器运行状态监测、在线故障诊断方法及相关的应用技术等。同时,本书给出了案例的背景信息、案例使用说明及练习题,较为系统地论述了机械故障诊断系统的应用、机械故障诊断学的基本原理、机械图像分析与处理及工程实践中应用的机械故障诊断技术方法等内容。根据读者需求,编著者可提供教案(讲义)、课件、部分内容的原始数据、数据处理实验程序及测试实验方案。

本书主要由西京学院机械工程学院吴松林及杨军编著。吴松林、杨军编写第1章基于机器视觉的状态监测与特征识别,吴松林、张博、杨军编写第 2 章机加工表面拓扑结构特征分析、第 3 章转轴组件的振动监测及故障诊断方法及第 4 章机器运行状态的在线监测及故障诊断,赵松、吴松林、张博编写第 5 章基于多层感知器的滚动轴承故障诊断,吴松林编写第 6 章润滑油液磨损残余物的监测,杨军、吴松林编写第 7 章故障树分析方法及其应用。全书由西京学院仝崇楼副教授及王引卫教授校审,吴松林负责总纂定稿。

本书的编写获得了西京学院研究生自编教材建设项目中的"机械故障诊断学教学案例"(2021YJC-02、2023YJC-01)的资助,以及西京学院机械工程学院及"教育部-浙江天煌科技产学合作协同育人-机械故障诊断学教学内容与课程体系改革项目"(201801071019)的资助,在此一并表示感谢。

编著者

2023 年 12 月

目　录

1 基于机器视觉的状态监测与特征识别

摘要：本章以小尺寸自聚焦透镜端面缺陷图像、五轴数控高速铣刀端面图像及指针式仪表盘图像为研究对象，通过缺陷、磨损区域及表盘特征提取和相关的图像处理实验，拓展学生所学知识，加深其对机械图像特征分析及其识别方法的理解。案例涉及图像采集及图像处理实验研究，内容包括以图像减噪和效果增强为目的的图像预处理；利用最佳外接圆方法实现区域边缘拟合，获得端面轮廓的理想边缘；采用 Retinex 算法对图像进行均衡处理；采用 Otsu 阈值分割算法提取缺陷特征等。案例中分别对透镜端面存在的三种主要缺陷(崩边、针孔以及划痕)、铣刀磨损区域及表盘图像进行了特征提取实验，为开发相应的质量自动检测系统及数据读取技术奠定了坚实的理论基础。

关键词：自聚焦透镜；高速铣刀；指针式仪表；图像处理

背景信息

自 2017 年 9 月以来，西京学院与陕西威尔机电科技有限公司、西安万钧航空动力科技有限公司等多家企业先后签订了多项相关的校企合作技术开发项目，如"基于图像处理的自聚焦透镜端面质量检测方法研究"(2017610002000915)及"自聚焦透镜端面图像采集方法及特征提取算法研究"(2018610002001444)，并组织年轻教师及研究生开展了相关的基础研究活动。同时，西京学院对透镜端面图像、数控五轴高速铣刀端面图像及采油设备指针式仪表图像的采集方法、典型图像处理、特征提取算法进行了大量的实验研究。该教学案例的主体部分包括透镜端面图像、高速铣刀端面(切刃面)及盘铣刀片磨损区域图像、仪表盘图像的采集实验、图像特征分析及提取的整个过程。本章所列的典型案例均为校企合作(横向科研项目)项目的主体部分，是校企合作进行技术攻关，解决生产实际问题的经典案例。

案例正文

1.1 自聚焦透镜端面缺陷图像特征识别方法[*]

1.1.1 概述

自聚焦透镜(GRIN lens)是光通信无源器件中的基础元器件。随着光通信技术的发展,自聚焦透镜的需求量不断增加,透镜的生产质量检测问题,特别是透镜端面的质量检测问题逐渐凸显出来。传统的质检方法是依靠质检员的经验,配合光学设备进行手工检测,这对质检人员的要求较高,且效率低,误检、漏检概率较大。企业实际生产过程中,需要开发一种适用于自聚焦透镜端面质量的自动检测系统。开展相关的技术研究,对保证产品的质量及提高生产效率有重要的实际意义。

典型的自聚焦透镜,是直径 1.8 mm,高 4.75 mm 的透明玻璃(二氧化硅)圆柱体,透镜两端面一面是圆截面,另一面是局部有小角度的斜切面(约 8°)。在实际生产中,自聚焦透镜端面可能出现崩边、划痕等质量缺陷,但其体积小、材质透明,因此对视觉检测环境的搭建要求严格。针对该问题,企业开发部提出要研究一种适用于自聚焦透镜端面质量检测的自动化检测系统。

(1) 自聚焦透镜简介

如图 1-1 所示,自聚焦透镜是直径 $d = 1.8$ mm,高度 $h = 4.75$ mm 的透明圆柱体,其端面一面是圆截面,另一面是局部有小角度的斜切面($\theta = 8°$),图中 $a = 0.5$ mm,该透镜节距为 $P/4$(P 是指光束沿正弦轨迹传播的一个正弦波周期的长度)。

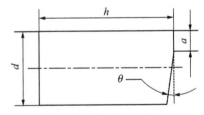

图 1-1 自聚焦透镜结构图

(2) 自聚焦透镜生产工艺

自聚焦透镜的折射率随径向梯度变化,光在透镜中的传播轨迹是正弦曲线,出射光线能平滑且连续地汇聚,如图 1-2 所示。

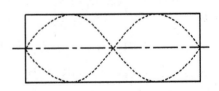

图 1-2 光通过自聚焦透镜路线示意图

---

[*] 编制说明:按照企业技术保密的要求,作者对案例所涉的具体测试设备、企业生产工艺、相关质量检测方法及数据做了必要的简化处理;本案例作为机械故障诊断学的典型案例,仅供教学之用。

目前,制造自聚焦透镜的主要方法是离子交换技术。离子交换技术有三个步骤:①基础玻璃熔制;②拉丝;③熔盐离子交换。目前,在离子交换工艺的基础上,生产自聚焦透镜的新方法——二次离子交换方法被提了出来,该方法可以很好地修正自聚焦透镜的折射分布率,弥补离子交换工艺的不足。

采用二次离子交换方法制作自聚焦透镜的方法如下:首先,选用铊玻璃作为基础;其次,根据需求将基础玻璃拉成不同直径的玻璃丝;接着,把拉好的玻璃丝截成一定长度的玻璃柱;最后,用乙醇和乙醚的混合溶剂对玻璃柱进行清洗。在离子交换过程中,若溶液浓度过高会产生很大的应力,可能会导致自聚焦透镜表面产生裂纹。

(3) 自聚焦透镜端面缺陷

经查询大量资料可知,在自聚焦透镜生产过程中,由于多种原因,会出现有缺陷的产品。自聚焦透镜端面的缺陷可分为崩边、划痕、针孔(麻点)三类,如图 1-3(a)、(b)、(c)、(d)所示。

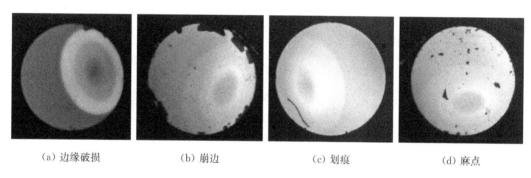

(a) 边缘破损　　　　(b) 崩边　　　　(c) 划痕　　　　(d) 麻点

图 1-3　自聚焦透镜端面典型缺陷

(4) 自聚焦透镜端面缺陷评定标准

根据陕西威尔机电科技有限公司的标准自聚焦透镜参数可得自聚焦透镜端面质量指标,如表 1-1 所示。

表 1-1　自聚焦透镜端面质量指标

缺陷名称	表面评定指标
针孔(麻点)	直径范围内不允许存在直径大于 $30\ \mu m$ 的瑕疵
	允许直径小于 $10\ \mu m$ 的瑕疵存在
	最多允许三个直径在 $10\ \mu m$ 和 $30\ \mu m$ 之间的缺陷
划痕	不允许宽度超过 $5\ \mu m$ 的划痕存在
	允许宽度小于 $2\ \mu m$ 的划痕存在
	最多允许有三个宽度 $5\ \mu m$、最长 $200\ \mu m$ 的划痕
崩边	不允许在透镜直径 90% 的同心圆范围内有崩边

1.1.2 透镜检具

由于自聚焦透镜体积小,且有一端面不是平面,在使用的过程中最好用镊子捏住侧壁,所以在检测中必须有相适应的检具配合使用,检具示意图如图 1-4 所示。

检具实现的基本功能:机械手利用负压技术把自聚焦透镜从放置盒中取出,运送到图像采集部件前完成图像采集,采集到透镜某一端面图像后机械手旋转 180°,采集另一端面图像;根据两端面图像处理的结果,判断出透镜的端面质量是否合格。最终产品按质量划分为一等品(完全无瑕疵产品)、二等品(可允许的瑕疵范围)、不合格产品。

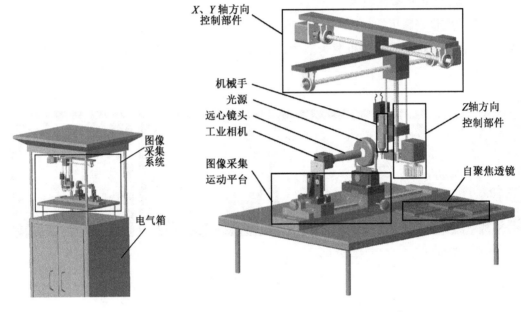

图 1-4　自聚焦透镜检具整体示意图　　　　图 1-5　检具结构示意图

从图 1-5 中可以看出检具的机械手由三个方向(X、Y、Z)的控制部件共同控制运动,其运行机制是由步进电机控制十字滑台带动机械手运动,使其抵达合理的水平位置,同时由 Z 轴方向控制部件控制机械手的高度,将自聚焦透镜放在最佳位置上,以完成自聚焦透镜的图像采集。后台图像处理同步进行,机械手根据处理反馈结果将该产品放置在合格品区域或不合格品区域,从而完成自聚焦透镜的分类。经过上述步骤基本可实现自聚焦透镜端面质量的自动检测。

图 1-5 中还显示了由工业相机、镜头、光源以及图像采集运动平台组成的采集部件。机械手的结构如图 1-6 所示,机械手设计有与自聚焦透镜侧壁相契合的弧形槽口,其可利用负压原理吸住自聚焦透镜的侧部,将自聚焦透镜放置在最佳位置,配合 CCD(电

图 1-6　透镜检具机械手结构示意图

荷耦合器件)工业相机采集透镜两端的图像。利用负压原理,机械手既能实现对透镜两端面图像的采集,又能避免对自聚焦透镜表面造成二次伤害。

透镜端面图像采集系统是透镜检测的基础,透镜检测所需的信息均源于图像。只有合适的图像采集配置才能使系统收集到最适合做图像处理的图片,这样才能更精确、更快速地检测自聚焦透镜端面质量。

图1-7所示是检具中的端面图像采集部件,该部件能实现自聚焦透镜端面的图像采集,并将图像传输给后台进行图像处理。图1-7中,由相机端调钮、支撑架、相机固定板和相机滑块组成的部分为控制工业相机位置的组件,旋转相机端调钮带动相机滑块沿底座水平运动,实现工业相机的水平位置调整;支撑架和相机固定板之间由螺栓连接,可通过调节螺栓高度实现工业相机的高度调整。远心镜头和工业相机固定在一起,以保持同步。光源滑块、光源端调钮和光源支撑架组成了控制光源位置的部分,转动光源端调钮带动光源滑块沿底座水平运动,实现LED环光源的水平调整;光源支撑架和光源滑块之间由可调螺钉连接,通过旋转螺钉可调整光源的高度。调整位置后工业相机、远心镜头、光源和待测物要保证同轴度。在实际图像采集的过程中,自聚焦透镜、光源、CCD工业相机和远心镜头形成了如图1-7所示的位置关系,CCD相机和远心镜头在左侧,自聚焦透镜位于右侧,光源位于镜头和自聚焦透镜的中间,将光照射在自聚焦透镜端面上,CCD工业相机和远心镜头共同完成图像采集。

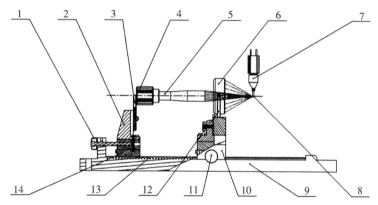

1—相机端调钮;2—支撑架;3—相机固定板;4—工业相机;5—远心镜头;6—LED环光源;7—机械手;8—自聚焦透镜;9—底座;10—光源滑块;11—光源端调钮;12—光源支撑架;13—齿条;14—相机滑块
图1-7 透镜端面图像采集示意图

(1) 工业相机的选择

经过多次对比分析,选择黑白CCD工业相机,其像素数目为200万,型号是MV-EM200M,其参数如表1-2所示。

表1-2 工业相机性能参数

型号	最高分辨率	光学尺寸	最大帧率	数据位置	曝光方式	功耗
MV-EM200M	1 600×1 200	1/1.8"	20 f/s	8/14	帧曝光	2.5W

（2）镜头的选择

选择 TML 小型工业远心镜头。该镜头远心度小、分辨率高、畸变小，能实现均匀照明，无图像渐晕效应。同时，在景深范围内，没有放大倍率的变化，目标图像尺寸不变。该镜头是 C 接口，可配合 1/2′ 及 1/2′ 以下成像靶面的工业相机使用，该镜头参数如表 1-3 所示。

表 1-3　工业镜头性能参数

型号	光学倍率	物距/mm	数值孔径(NA)	分辨率/μm	景深/mm	畸变/%	外形尺寸
TML20×150S	2.0	150	0.031	8.6	1.6	0.02	$\phi16\times107$

（3）光源的选择

光源是图像采集过程中影响图像质量的重要因素，它会直接影响输入数据的呈现效果，选择不同光源会使呈现出的图像有一定差距。

不同的光源颜色对采集的图像有一定的影响，常用的光源有白色光(W)、蓝色光(B)、红色光(R)、绿色光(G)、红外光(IR)、紫外光(UV)这六种。其中，白色光源适用范围最广。经过图像效果对比，我们最终选择白色环光源，这样采集的图像信息最全面、效果最好，也最利于图像处理。

1.1.3　图像预处理

自聚焦透镜的斜端面与圆柱侧面的共同作用，导致采集到的图像出现光晕、光斑等；同时复杂的图像采集，或照明不均匀甚至人为因素都会导致图像效果不够理想，有噪声等，这些都会影响到最终质量评定的准确性。

在实际图像采集过程中，系统采集到的图像是不完美的，能够影响图像效果的因素有很多，如 A/D 转换、线路传输、光线均匀性和集中度以及被检测物体自身特性都会影响图像效果。所以必须通过图像预处理提升采集图像的质量。

图像去噪是图像处理的基本步骤，减噪效果的好坏会直接影响到后续图像处理(边缘提取、图像分割等)效果。采集到的图像的噪声主要来自图像采集和传输过程，同时各种因素也会影响图像传感器工作。如 CCD 采集图像时，光照以及传感器的温度等因素都会影响图像传感器工作。

采用均值滤波及中值滤波方法，能达到较好的图像预处理效果。

（1）均值滤波

均值滤波亦称线性滤波，是图像处理中一种常见的滤波算法，它主要用于平滑噪声。其原理是利用某像素点周边像素的平均值来达到平滑噪声的效果。对于图像 $g(s,t)$ 中大小为 $m\times n$ 的矩形窗口 S_{xy}(常选 3×3 模板或 5×5 模板)，取其像素灰度的均值作为处理后图像 $f(x,y)$ 像素点的灰度值。用公式(1-1)可以得到处理后图像的像素点的灰度值。

$$f(x,y)=\frac{1}{mn}\sum_{(s,t)\in S_{xy}}g(s,t) \tag{1-1}$$

　　图 1-8(a)所示为输入图像,图 1-8(b)所示为对应的灰度直方图;经 3×3 模板和 5×5 模板均值滤波后可得到灰度直方图 1-9(b)和图 1-10(b),从图 1-9(b)和图 1-10(b)可看出,滤波后图中的杂点数目减少,同一灰度级的对应像素点更集中,经 5×5 模板均值滤波后灰度级更均衡。

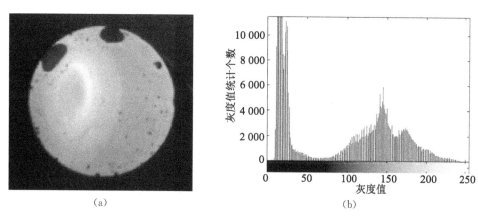

图 1-8　原始图像及图像灰度直方图

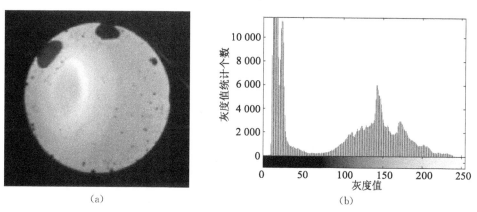

图 1-9　3×3 模板均值滤波图像及灰度直方图

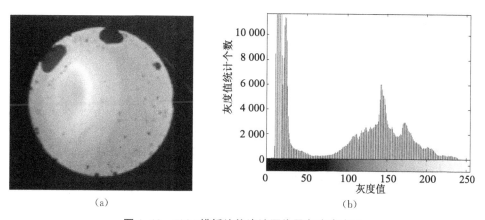

图 1-10　5×5 模板均值滤波图像及灰度直方图

（2）中值滤波

中值滤波是一种非线性平滑去噪方法。中值滤波基本原理为：将图像中每一个像素点的灰度值设定为该点一定邻域窗口范围内的所有像素点灰度值的中值。这能让周围的图像像素值与实际的像素值更接近，可以有效地去除孤立点，解决图像详细信息不明确的问题。在实际操作中，不同大小尺寸的模板（具有规定形状大小的邻域）的滤波效果是不同的，若模板过小，滤波效果不理想；若模板过大，去噪过程中会使图像的边缘变得模糊，效果也不理想。中值滤波使用一个沿图像移动的窗口，在移动的窗口内把所有的像素值替换成所有像素值的中值，窗口按一定的运动规律移动，依次完成中值替换。创建的移动窗口或模板常见的是 3×3 模板、5×5 模板等，也可根据需要设定不同形状、不同大小的窗口（环形的、圆形的、方形的、十字架形的等）。中值滤波对椒盐噪声很有针对性，具体像素值替换公式如公式（1-2）所示。

$$f(x, y) = \text{med}\{(x-k, y-l), (k, l \in A)\} \tag{1-2}$$

其中，$g(x, y)$ 表示原始图像，$f(x, y)$ 表示中值滤波后的图像，A 为窗口模板。

与图 1-8 相比，3×3 模板中值滤波和 5×5 模板中值滤波的灰度直方图（图 1-11 (b)和图 1-12(b)）的灰度分布更连续，更集中。

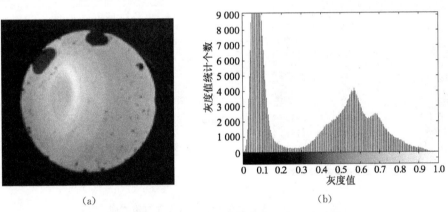

(a)   (b)

图 1-11　3×3 模板中值滤波图像及灰度直方图

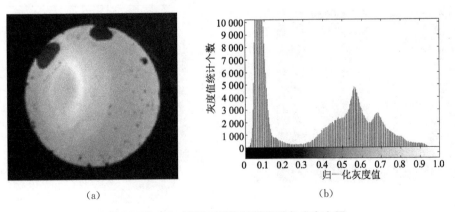

（a）   (b)

图 1-12　5×5 模板中值滤波图像及灰度直方图

1.1.4 透镜端面缺陷图像特征提取

(1) 崩边缺陷

自聚焦透镜端面的缺陷有很多类,但最主要的是崩边、划痕和针孔(麻点)三类。实际生产中,根据透镜端面的检测标准,透镜端面崩边的质量评定标准是:在中心区域的90%范围内不得有崩边,即以透镜端面圆心 O 为原点,90%的半径长度为新半径,所画的圆域内不出现崩边缺陷,说明此产品没有崩边缺陷。

前期处理包括图像的预处理、拟合理想边界、去除光晕和阈值分割等。其中拟合理想边界是指根据现存的边缘信息拟合出理想的完整边界信息。在前期处理中,可得到透镜端面圆域的圆心 O 以及半径 R,所以很容易根据已知的理想边缘,得出中心区域的90%范围,从而判断自聚焦透镜端面是否存在崩边缺陷。

图 1-13(a)至(f)所示为自聚焦透镜端面缺陷特征的图像处理过程中不同时期的图像,图 1-14(a)所示是崩边缺陷特征提取流程图。

图 1-13(a)是 CCD 工业相机获得的原始图像。图 1-13(b)是经预处理后从边缘提取出的图像,图上的白色边界是提取出的此端面现存的边界,图上的圆是通过最佳外接圆法获得的端面理想边界(圆心 O,半径 R)。图 1-13(c)是经多尺度 Retinex 算法去除光晕后的图像,图 1-13(d)是经 Otsu 阈值分割后,再经反色获得的图像,一般经阈值分割后获得的图像是目标物,灰度值为 255,呈白色,背景的灰度值是 0,呈黑色,再经反色后,目标物体呈黑色,背景和缺陷特征呈白色。图 1-13(e)是端面特征缺陷图,图中的白色区域是从该端面提取出的缺

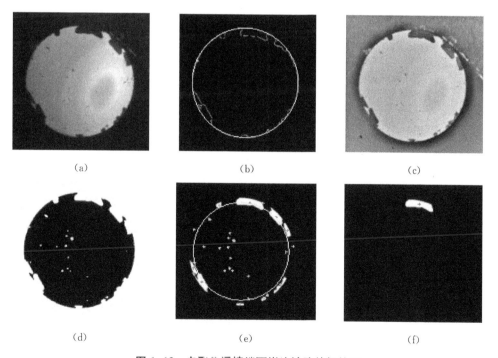

(a)	(b)	(c)
(d)	(e)	(f)

图 1-13　自聚焦透镜端面崩边缺陷特征处理

陷信息呈现,图上的十字标记是缺陷特征区域的质心位置,图上圆中区域是崩边质量评定标准中提到的中心区域的90%范围(圆心O,半径$R_1 = 0.9R$),只要在该圆域范围内不出现崩边缺陷,则可判定此产品在崩边缺陷方面是合格的。图1-13(f)所示是缺陷信息中面积最大的崩边区域,同样图中的十字符号是该最大面积缺陷的质心,具体特征数据如表1-4所示。

表1-4　崩边缺陷特征信息

图例	理想圆域面积/像素	特征缺陷面积总和/像素	特征缺陷占比	最大缺陷面积/像素	最大缺陷质心坐标
图1-3	$2.7798×10^5$	7 245	0.026 1	5 817	[175.97　284.39]

(2) 针孔、麻点缺陷

端面针孔、麻点缺陷的质量评定标准：直径范围内不允许存在直径大于 $30\ \mu m$ 的缺陷;允许直径小于 $10\ \mu m$ 的杂质缺陷存在;直径在 $10\sim30\ \mu m$ 之间的缺陷少于 4 处。结合这三点综合判断自聚焦透镜端面是否含有针孔、麻点缺陷。

判定标准明确指出以针孔、麻点缺陷直径作为评判依据。根据相关定义,直径为通过某一平面图形或立体(如圆、圆锥截面、球、立方体)中心到边上两点间的距离,通常用字母"d"表示。一般连接圆周上两点并通过圆心的直线称为圆直径,连接球面上两点并通过球心的直线称为球直径。将图像放大倍数后,可以观察到自聚焦透镜端面的针孔、麻点缺陷形状是不规则的,不规则封闭图形的直径计算是针孔、麻点缺陷特征信息获得的核心问题。图1-14(b)所示为针孔、麻点缺陷特征提取流程图。

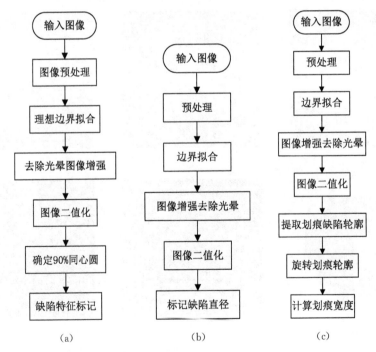

图1-14　崩边缺陷(a)、针孔及麻点缺陷(b)、划痕缺陷(c)特征提取流程图

图 1-15（a）所示为自聚焦透镜端面针孔、麻点图像采集系统获得的原始图像。图 1-15（b）是经图像预处理及理想边缘拟合的图像，其中白色边界是提取出的端面实际边界，图上圆域边缘是拟合出，与白色边界的重合度很高。图 1-15（c）所示为去除光晕后的图像。图 1-15（d）所示为阈值分割后的图像，端面圆域内缺陷呈白色，反之呈黑色。图 1-15（e）所示为缺陷区域获取的最小外接矩形的图像，图中矩形就是针孔、麻点的最小外接矩形，图中的最小外接矩形的长的方向与缺陷的长轴方向同向，这样获取到的外接矩形的长为缺陷区域边界上距离最大的值。

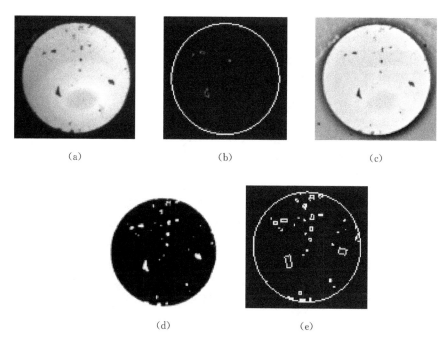

（a） （b） （c）

（d） （e）

图 1-15　针孔、麻点缺陷处理

图 1-15（e）所示的各矩形代表针孔、麻点缺陷，以矩形的长作为缺陷区域的直径。

表 1-5 所示为获得的针孔、麻点缺陷特征信息，将这些信息与产品质量评定标准相比，可以判断出该产品是否合格。

表 1-5　针孔、麻点缺陷特征信息　　　　　　　　　　　　　　　　单位：像素

端面半径	缺陷直径 1	缺陷直径 2	缺陷直径 3	缺陷直径 4
298.149 1	63.123 5	41.112 6	32.000 0	27.195 6

（3）划痕缺陷

端面划痕缺陷的质量评定标准是：不允许有宽度超过 5 μm 的划伤；允许宽度小于 2 μm 的划伤存在；最多允许三个宽度 5 μm、最长 200 μm 的划痕伤。从评定标准可以看出，核心的判断因素是宽度，获得宽度是划痕特征提取的重要环节。

图 1-16 展示了划痕缺陷特征的提取过程：图 1-16(a)是 CCD 工业相机获得的自聚焦透镜端面原始图像；图 1-16(b)所示为图像边缘拟合所得边缘，图上的白色边界是从图 1-16(a)中直接提取出的边界信息，圆是拟合出的边界，很显然圆域和白色边界基本重合；图 1-16(c)是去除光晕后获得的图像，可以看出光晕明显减少，且保留了图像细节信息；图 1-16(d)是阈值分割后的图像；图 1-16(e)是仅保留划痕缺陷区域的图像，图上呈现的白色区域就是该端面图像中的划痕；图 1-16(f)中显示了该缺陷的最小外接矩形。若通过最小外接矩形获得缺陷的宽度是和实际宽度有偏差的，则不能利用最小外接矩形计算缺陷宽度。

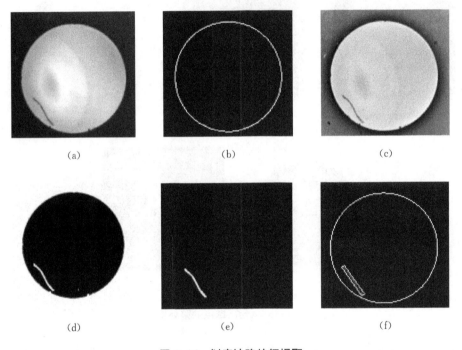

(a)   (b)   (c)

(d)   (e)   (f)

图 1-16　划痕缺陷特征提取

最小二乘法的思路是使用数学方法进行优化，根据最小误差的平方和寻找数据的最佳函数匹配。直线拟合是许多研究中都会用到的，对于给定的数据点，寻找一条最佳的拟合直线，使这条直线尽可能地通过、靠近数据点。拟合的方法：采用最小二乘法求解拟合参数，获得直线参数斜率和节距。

将图 1-16 中的划痕缺陷边界呈现在坐标系中，可得图 1-17，图上封闭曲线就是划痕边缘，线段是根据曲线利用最小二乘法拟合出的直线。这样获得的直线最贴近给定的边界曲线。通过此方法可以得出直线的斜率和截距，根据拟合的直线的斜率将图像进行旋转，使其呈水平方向，经旋转后获得的图像如图 1-18 所示，图中同一横坐标的点对应的纵坐标之差即为划痕缺陷的宽度。

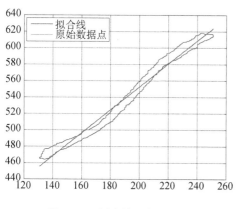

图 1-17　划痕缺陷直线拟合

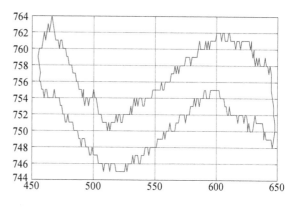

图 1-18　划痕缺陷轮廓

表 1-6 是根据图 1-18 统计出的划痕特征区域的信息,经单位换算后可将此信息与端面划痕的质量评定标准进行对比,判断该产品是否含有划痕缺陷。

表 1-6　划痕缺陷特征信息统计　　　　　　　　单位:像素

划痕缺陷最大宽度	划痕缺陷平均值	划痕缺陷长度
11	6.516 3	192.908 9

总结

本案例针对生产实际中自聚焦透镜端面存在的崩边、划痕以及针孔(麻点)三种典型缺陷,给出了利用实验程序对选定的自聚焦透镜端面图像进行图像处理实验及特征提取的基本过程及典型的处理结果。本案例涉及图像采集实验方法、图像预处理、理想边缘拟合、去除光晕、阈值分割以及缺陷特征信息提取等基本的图像处理方法。

但要注意以下几个问题:

(1)采集图像的质量优劣会直接影响处理结果。本案例进行的实验研究是将不同的自聚焦透镜放置在同一位置上进行图像采集。实际生产中,图像采集过程中不可避免地存在各种影响因素,导致图像会有边界虚晃缺陷,甚至光线的轻微偏差也会造成不好的图像采集效果。

(2)光源的改变对图像处理结果影响较为明显。为提高图像处理的效率和准确率,将光源强度、角度规范化是必要的步骤。若光线不同,会导致图像不清晰或光晕位置、大小不同,这些都会影响图像处理的效果。

1.2 高速铣刀磨损状态的特征识别

在机械加工中,铣刀应用极为广泛,需求量与日俱增。正常工作时,刀具在切削材料的同时,其本身也会发生损坏,其损坏形式分为磨损与破损两类。刀具磨损后如不及时更换,会导致被加工工件的尺寸和表面精度降低、机床的切削力和切削温度提升,严重的甚至可以损坏机床,使切削难以进行。因此,刀具磨损情况直接关系到机械加工的效率、质量和成本。生产实际中,企业对铣刀的磨损检测有较高的要求。传统的铣刀磨损状态分析及检测方法过程烦琐、精度较低,并且检测效率不高,所以有效地提高铣刀磨损的检测效率和精度是当前急需解决的问题。一般刀具磨损状态检测、识别大多都要利用机加过程中的切削力、噪声、振动等物理量,由传感器捕捉所需要的信息来判断刀具的磨损状态。这些方法大多数为定性测量或间接测量,可靠性较差,难以应用到实际的生产当中。鉴于此,声发射(AE)检测方法被开发了出来,但其检测结果仍然不直观,很难在生产实践中得到应用。

机器视觉检测方法具有自动化程度高、检测精度高、是非接触测量以及检测效率高的优点,因此被广泛应用于各个领域。可持续工作时间长、可靠性高的优势促使机器视觉检测方法快速发展并得到广泛应用。该方法克服了传统刀具检测的诸多缺点,已经成为当今刀具检测领域的重要手段之一。

基于机器视觉检测技术,本案例设计了专用的铣刀检测平台,该平台包括铣刀夹持机构、运动平台及系统控制三个主要部分,具有与机器视觉实验台配合的铣刀夹持设备的设计,并能成功地实现图像采集。本案例对采集到的铣刀缺陷图像进行了一系列的实验研究,如自动灰度调整、自适应中值滤波降噪、自动阈值分割、Sobel算子提取边缘等。在此基础上,对铣刀磨损缺陷图像进行了详细的分析,提出了合理的特征提取算法,并进行了实验验证。实验结果表明,利用本书所提出的方法可以实现更高的检测精度和检测效率,对提高铣刀磨损检测水平,促进铣刀产业的发展和进步有着极其重要的现实意义。

1.2.1 铣刀磨损状态检测

由机器视觉检测方法实现铣刀磨损状态的检测,首先需要采集磨破损铣刀的端面图像,然后将图像输送到计算机进行图像处理,得到铣刀磨损状态的参数,最后判断铣刀磨损状态。机器视觉检测系统的硬件部分主要由两部分组成,一是机器视觉实验台,二是铣刀夹持设备。

图 1-19 所示为系统硬件整体结构框图,其中工业相机、远心镜头、照明光源和台架组成了机器视觉实验台;铣刀夹具和运动平台组成了铣刀夹持设备。图像采集之前,需要配

置合适的照明光源以保证视场清晰明亮,接着工业相机采集经远心镜头放大聚焦后的被测铣刀缺陷图像,然后把经数字化处理后的图像传输给计算机,计算机对数字图像进行图像处理后计算出结果。在这期间,计算机可以控制运动平台和铣刀夹具的运动从而改变铣刀的夹持状态,完成被测铣刀不同区域的磨损测量。

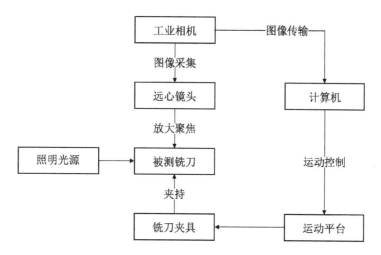

图 1-19　系统硬件整体结构框图

铣刀夹持设备的设计包括铣刀夹具的设计和运动控制平台的设计。通过控制运动平台的移动和铣刀夹具的抓放,可以实现被测铣刀的精确定位,保证铣刀处于相机视野的理想位置。图 1-20 和图 1-21 分别为机器视觉检测系统硬件三维图和铣刀夹持设备的整体设计方案示意图,该系统通过 STM32 单片机精确控制步进电机,使各部分机械结构运动,从而完成铣刀的精准定位,保证检测系统的正常运行。

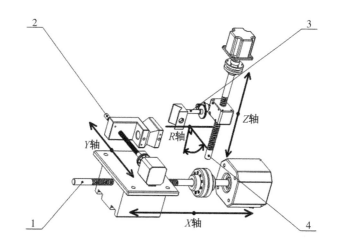

1—X 方向驱动丝杠;2—Y 方向驱动丝杠;3—透镜卡具;4—Z 方向驱动丝杠
图 1-20　系统硬件三维图

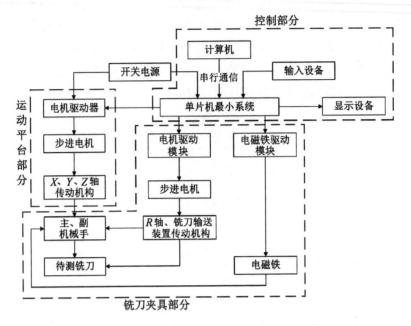

图 1-21　铣刀夹持设备的整体设计方案示意图

　　本案例采用相机和镜头固定,被测铣刀移动的方式,故需要利用铣刀夹具拾取被测铣刀,当夹具移动到指定位置时,其将铣刀放下并移出相机视野之外。铣刀夹具主要由铣刀输送装置、主机械手和副机械手组成。通过铣刀夹具可以实现待测铣刀的批量检测,且检测过程紧凑,在提高检测效率的同时又可以保证系统的稳定性。

　　本案例所使用的铣刀夹具如图 1-22 所示,铣刀输送装置通过传送带将待测铣刀输送到指定位置,安装有电磁铁的主机械手吸附抓取铣刀,将其运送到 LED 背光源的中心;之后,副机械手还可以抓取并旋转待测铣刀,实现不同角度的拍摄。为了使铣刀能在背光源

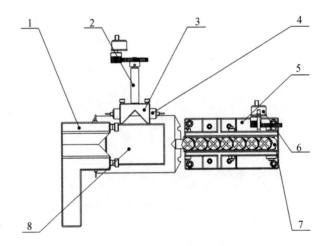

1—主机械手　2—副机械手传动部分　3—副机械手　4—电磁铁　5—铣刀输送装置
6—铣刀输送装置传动部分　7—待测铣刀　8—LED 背光源

图 1-22　铣刀夹具俯视图及运动平台运动方向示意图

上平稳地放置,可在 LED 背光源上中心位置加装永磁铁,以避免铣刀在运动平台平移过程中因惯性而晃动,从而影响检测系统的正常运行。

对于铣刀夹具副机械手的传动部分,本书采用传动平稳、精度较高的齿轮传动,而铣刀输送装置则采用传送带输送的方式,通过一组齿轮传动,带动皮带转动,使待测铣刀向 LED 背光源的方向移动,从而实现铣刀的输送。

对于运动控制平台,其参与运动的 X 轴、Y 轴和 Z 轴的传动均采用效率高、精度高的滚珠丝杠,而 R 轴为旋转轴,采用齿轮传动,传动比为 3∶8。

由于运动控制平台的设计需考虑到工业相机、工业镜头以及环形光源的安装位置,还必须保证其可以与测试台架配合使用,所设计的运动控制平台需保证结构紧凑、安装方便,故将其设计尺寸确定为 495 mm×300 mm×415 mm,使其基本满足所需条件。对于运动控制平台各轴的进给速度,可以通过改变单片机的输出脉冲频率来调整电机速度。

由表 1-7 可见,为了保证待测铣刀平稳精确地放置在 LED 背光源中心,Y 轴的定位精度与重复定位精度要高于其他两轴,三轴的步进电机都需配备电机制动器。

表 1-7　铣刀夹持设备的各轴运动参数

项目	参数
X 轴行程	200 mm
Y 轴行程	120 mm
Z 轴行程	120 mm
R 轴旋转角度	90°
X 轴平移定位精度/重复定位精度	$\pm500\ \mu m/\pm100\ \mu m$
Y 轴平移定位精度/重复定位精度	$\pm200\ \mu m/\pm50\ \mu m$
Z 轴平移定位精度/重复定位精度	$\pm500\ \mu m/\pm100\ \mu m$
R 轴旋转定位精度/重复定位精度	$0.5°/0.1°$

1.2.2　图像处理及特征识别

图像处理包括一系列有目的的处理过程,其目的是最终获得所需要的信息。图像预处理基本流程包括图像灰度化处理、滤波去除噪声、二值化及边缘提取,图像预处理结果如图 1-23 所示。

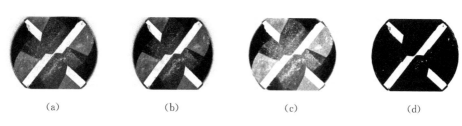

(a)　　　　　　　　　(b)　　　　　　　　　(c)　　　　　　　　　(d)

图 1-23　图像预处理结果

其中,(a)图为灰度化处理的结果,(b)图为滤波去除噪声后的图像,(c)图、(d)图分别为二值化及边缘提取后的结果。

经过图像预处理后,图像的背景区域的干扰被去除,图像中只包含目标物体及其必要特征。在获得良好边缘特征图像的基础上,为了准确地计算出铣刀切刃的磨损面积,本书提出了相应的解决办法,算法流程如图 1-24 所示。

图像输入 —— 坐标定位 —— 特征区域分割 —— 目标特征计算

图 1-24 图像处理流程图

通过边缘提取我们基本确定了铣刀在图像中的轮廓。实际检测中,由于铣刀夹持设备的运行误差,采集到的铣刀缺陷图像中的铣刀圆心未必会与整幅图像的中心重合,铣刀切刃相对于水平方向的角度也是不确定的。所以想要最终测量出铣刀切刃处的磨损量,图像的坐标定位是不可或缺的。坐标定位包括图像特征区域的中心点定位及特征区域的方向定位。

本书所使用的工业相机最大分辨率为 $2\,048×1\,536$,像素尺寸为 $3.2\ \mu m×3.2\ \mu m$,工业镜头的光学放大倍率为 0.5 倍,通过计算可得各铣刀图像外圆的实际尺寸,数据表明,换算出的直径误差率普遍小于 2%,外圆识别效果较好。通过外圆识别可以确定铣刀在图像中的位置,此时识别出的外圆圆心与整幅图像的中心在很大概率上是不重合的。想要将两个坐标点重合,最基本的办法是将图像平移,以整幅图像的中点为基准,移动铣刀外圆的圆心到与此点重合的位置。

将铣刀图像的中心定位后,还需要对铣刀进行周向定位。对铣刀图像进行周向定位的前提是找到图像中的任意切刃的边缘线段,并得到其直线方程,然后可以利用其斜率求出切刃与水平线的偏斜角度。

完成铣刀图像的定位后,要进行铣刀切刃部分的提取及磨损量的计算。一般计算时容易受图像中较大的杂质点干扰,通常这些杂质点无法通过图像滤波去除。通过对新刀切刃宽度的测量和比对,可以使同一型号铣刀的切刃宽度基本保持一致,因此,本书拟采用图像剪切的方法将铣刀切刃局部图像从整体图像中剥离出来,以避免杂质点的干扰,这样更有利于对铣刀磨损量进行微观测算。本书利用矩形剪切来对铣刀切刃进行局部图像提取,如图 1-25(a)所示。其中,矩形剪切窗口的长度 L 由铣刀的直径决定,长切刃的长度大约为铣刀半径的长度。如图 1-25(b)所示,提取出包含切刃的图像后,由于矩形剪切窗

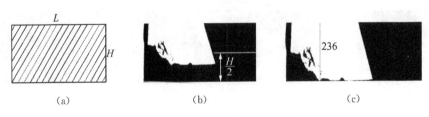

(a)　　　　　　　　(b)　　　　　　　　(c)

图 1-25 图像剪切过程及结果

口的宽度远大于切刃宽度,因此需要进行进一步的精确剪切。利用窗口中最大特征区面积进行逐行计算获得 Y 坐标最大的像素点,也就是切刃的最大宽度,可得到如图 1-25 (c)所示的图像。

经过一系列对铣刀原始图像的图像处理,从灰度化、灰度自动调整到滤波进行去噪,再到自动阈值迭代分割、边缘提取、外圆识别,最后到图像定位、切刃局部图像的提取,接下来要做的就是磨损量计算。

通过上述方法计算出的结果仅仅为一个切刃的磨损参数,要判断一把铣刀的磨损情况,则需对每个切刃进行检测。如图 1-26 所示,对铣刀图像进行逆时针旋转,获取其所有切刃的局部图像,求出每个切刃的磨损参数,然后进行对比,以各个切刃中最大值作为该铣刀的磨损值。

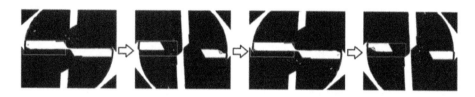

图 1-26　图像的逆时针旋转及其特征参数的检测

按照上述实验步骤分别对 20 把铣刀样本进行人工检测和机器视觉铣刀磨损量检测。人工测量平均磨损量时,采取定积分的计算原理,将铣刀切刃均分为 10 份,利用工具显微镜测量每一份磨损量的中间值,最后求出这 10 个数据的平均值作为当前所测切刃的平均磨损量。图 1-27 所示为两种方法测量出的平均磨损量对比,可以看出样本值基本可以重合,虽然存在一定的误差,但基本反映了图像处理方法的准确程度。图 1-28 所示是两种方法测量出的最大磨损量的对比,可以看出两组数据几乎完全重合,只有极少数样本值存在较小差异。

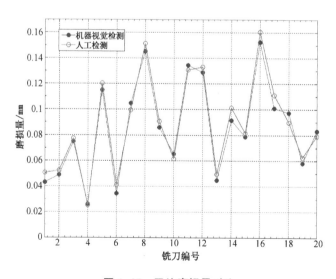

图 1-27　平均磨损量对比

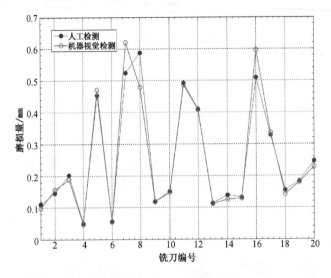

图1-28 最大磨损量对比

从测量效率上来说,机器视觉检测系统的优势在于当测量同一规格的铣刀时,只需设定一次参数,之后只需不断添加被测铣刀样本和记录测量数据即可。而人工检测法则需将被测铣刀样本放置到实验台上逐个逐刃检测,这大大提高了单位时间,由此可以推算出人工测量一个样本的全部参数至少需要几倍于机器视觉检测的时间。表1-8列出了两种测量方法的耗时情况。

表1-8 不同检测方式的检测效率对比

组别	机器视觉检测耗时/s	人工检测耗时/s
第一组	262	2 246
第二组	247	2 431
第三组	255	2 281
第四组	258	2 365

总结

本案例利用机器视觉的检测手段进行了快速铣刀的磨损状态研究,搭建了机器视觉实验平台。进行了工业相机、镜头、光源等的选型,并设计了图像采集的实验装置。在此基础上,设计了可以与实验台配合的铣刀夹持设备,提升了整体的自动化程度。

本案例对采集到的铣刀切刃图像进行了预处理与特征提取实验研究。完成了图像灰度化、灰度自动调整、自适应中值滤波及边缘提取等一系列的预处理流程。为准确地计算铣刀磨损量,完成了"外圆识别、中心定位、周向定位、图像提取到磨损识别"的特征提取算法,并运用不同检测方法进行了对比实验,结果表明机器视觉测量系统具有较高的检测效率,能够较理想地实现铣刀磨损状态的检测与识别。

1.3 盘铣刀片磨损状态检测

制造业的生产实践中,刀具使用费用大约占机加工成本的 3％～12％。其中,大约 20％的刀具使用费是由于刀具的磨损或破损造成的。作为铣削加工的主要刀具,组合式盘铣刀利用镶嵌在刀具头部的刀片实现切削,其刀片易更换、使用方便且价格适中,是目前高速数控铣床使用较为广泛的刀具之一。但其刀片易磨损,对高速铣削加工的质量影响较大,实际生产中往往需要频繁定时更换刀片。因此,实现数控盘铣刀片磨损状态的自动化检测,对优化刀片更换策略、降低企业生产成本及提高生产效率有重要的应用价值和现实意义。

通常,刀片磨损状态的确定主要通过技术人员观察或按照实际加工时间进行。人工判读容易受到各种主客观因素的影响,费时、费力且没有统一的标准,因此无法准确地获取刀片磨损状态参数。

设计图像采集装置、应用数字图像处理技术、研究刀具磨损状态检测方法并准确获取相关信息进行特征识别是目前应用研究的热点,它们在工业生产实践中有广泛的应用前景。例如,Maria 等应用机器学习及形态学处理方法实现了刀具磨损区域的分割及特征识别,并成功地将该方法应用于一体式盘铣刀磨损状态的在线监测。Laura 等应用多样条插值法及机器视觉技术开展了铣刀磨损区域的边缘检测,并将该方法运用于铣刀切刃面破损程度的识别。同样,刘亚辉等基于改进的 Zernike 矩方法及 Lanser 算子获取了刀片图像像素级边缘,获取了亚像素精度的磨损区域轮廓信息,实现了较为准确的磨损区域特征识别。程训及余建波提出了基于积分图加速和 Turky Biweight 核函数的非局部均值法,并将该方法应用于铣刀图像噪声的去除及麻花钻头磨损状态的过程监测。秦奥苹以面铣刀为研究对象,设计了面铣刀图像采集系统,提出了一种在主轴旋转状态下采集连续图像序列的图像采集方案。目前,所提出的各种检测方法所需成本较高,应用困难,难以适用于高速铣刀磨损状态的在线检测需求。

本案例提出了一种新的铣刀刀片磨损区域的识别方法。该方法应用了数字形态学原理,结合了最小外接矩形变换算法,步骤包括图像预处理、图像形态计算、利用 Canny 算子进行的磨损边缘检测、去除干扰连通区域、主连通区域填充及磨损区域的统计计算等,主要参数有磨损面积及最大磨损宽度。该案例还利用 19JPC 万能工具显微镜及 GUI 平台进行了对比实验研究,提出了盘铣刀刃磨损面积及宽度的统计计算方法,并进行了误差分析。实验结果表明,磨损区域特征参数检测的精度高,检测效率高,成本相对较低,可以准确实现数控盘铣刀磨损状态的在线监测,符合企业生产实际的需求。

1.3.1 图像预处理及磨损区域框定

本案例以机械加工企业生产实际中使用较为普遍的组合式盘铣刀为对象,研究了自动化的识别切刃面磨损区域的方法。图 1-29 所示是采集到的铣刀图像预处理流程,包括图像灰度变换、图像滤波处理及图像检测区域框定,图 1-30 所示为图像特征提取流程,包括边缘特征提取、图像形态计算及磨损区域特征参数的统计计算等。

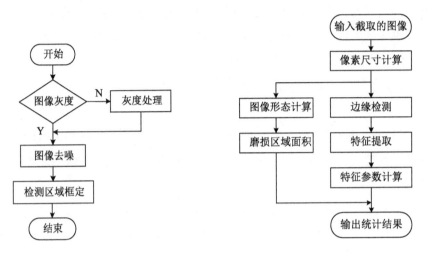

图 1-29 图像预处理流程   图 1-30 图像特征提取流程

该案例采用高斯滤波方法去除图像采集时附加的噪声,即使用 3×3 的高斯模板和二维的高斯函数逐点处理。根据距离中心点 (x,y) 位置的不同设置相应的加权值,中心点的权值最大,权值随距离的增加逐渐减小。变换后中心点的灰度值如公式(1-3)所示,其中 σ 为标准差,其取值默认为 0.5,视滤波效果进行调整。

$$g(x,y)=\frac{1}{2\pi\sigma^2}\exp\left[-\frac{(x^2+y^2)}{2\sigma^2}\right] \tag{1-3}$$

图 1-31 所示为高斯滤波的效果,其中图(a)为原始图像,图(b)为灰度变换后的图像,图(c)为经过高斯滤波后的图像。

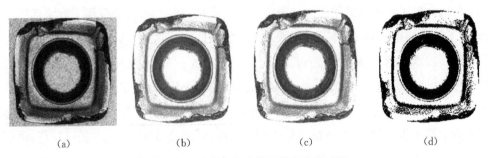

(a)   (b)   (c)   (d)

图 1-31 图像灰度变换及噪声去除过程

对铣刀磨损区域进行特征提取之前,需要对图像进行适当剪裁,即实现检测区域的框定,以减少图像背景对处理结果的影响。

首先,应用 Otsu 阈值分割法进行图像全区域阈值分割处理。相较于其他分割算法,该方法在很大程度上保留了图像主要特征的细节,同时也在一定程度上抑制了图像中的杂质点,其效果如图 1-31(d)所示。计算公式如下:

$$g = \omega_1(\mu - \mu_1)^2 + \omega_2(\mu - \mu_2)^2 \tag{1-4}$$

其中,g 表示图像特征区与全域灰度值的标准差;ω_1 表示特征区域与全域的像素值比;ω_2 表示非特征区域与全域的像素值比;μ_1 表示前景域像素值的均值;μ_2 表示背景区域像素值的均值。

采用图像形态学的方法,进行开闭合运算,即通过图像的膨胀与腐蚀将图像中枝节部分去掉。图像膨胀可使原本分离开的部分融合为一个整体,相反,图像的腐蚀可有效断开图像间细微的连接。闭运算的流程是先膨胀再腐蚀,如公式(1-5)所示;开运算的流程与闭运算相反,如公式(1-6)所示。其中,A 表示原始图像,S 表示结构元素图像,开运算记为 $A \circ S$,闭运算记为 $A \cdot B$。

$$A \cdot S = (A \oplus S) \ominus S \tag{1-5}$$

$$A \circ S = (A \ominus S) \oplus S \tag{1-6}$$

处理过程及结果如图 1-32 所示,其中图(a)为由 Otsu 阈值分割算法得到的逆二值化图像,图(b)是进行闭运算后得到的图像。可以看出,闭运算后图像外部轮廓明确。

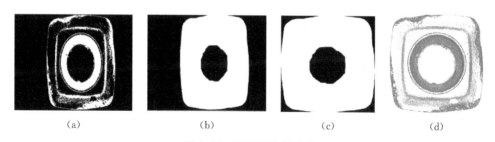

(a)   (b)   (c)   (d)

图 1-32　图像形态学处理

全域搜索图像(图 1-32(b))外轮廓最高点、最低点及最左侧点、最右侧点,获取最小外接矩形。应用最小矩形框定出刀片轮廓区域,如图 1-32(c)所示。图 1-32(d)则是该矩形区域内的原始图像。

铣刀刀片的磨损区域是实际参与切削加工的刀刃部分,其中部用于固定刀片的螺丝孔部分是不需要进行图像处理的。以最小外接矩形的几何中心向外做边长为 B 的正方形区域,B 的取值比被检测刀具内方略大,如图 1-33(a)、(b)所示。将正方形区域内像素改为 255 级,使之与背景像素一致,形成如图 1-33(b)所示的图像,这样可减少后续图像处理过程中中部杂质点对结果的影响。

 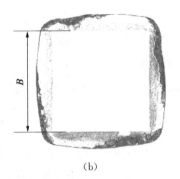

(a)   (b)

图 1-33　框定出的原始图像及去除中心区域后的图像

1.3.2　磨损区域特征提取及统计分析

如图 1-30 所示，磨损区域特征提取的步骤如下：首先进行像素尺寸标定计算，其次通过图像形态计算获取磨损面积，最后利用磨损区域边界检测及特征提取实现磨损最大宽度的计算。

如表 1-9 所示，实验统计了 10 组刀片（未磨损）的最小外接矩形高度值（即表中刀片边长像素数），实际测量了刀片的高度值（刀片边长），统计了各边长像素数与实际测量值的关系值 f，f 的平均值为 2.386 7 μm。表 1-9 还给出了利用关系值 f 计算出的刀片尺寸的转换值的误差率，可以看出误差率控制在 1% 以内。

表 1-9　盘铣刀片尺寸实验数据统计

盘铣刀片序号	1	2	3	4	5	6	7	8	9	10
刀片边长/像素	2 910	2 922	2 954	2 923	2 966	2 942	2 895	2 899	2 896	2 927
刀片边长/mm	6.97	6.98	7.01	6.98	7.01	7.00	6.92	6.91	6.97	7.04
关系值 f/μm	2.395	2.389	2.373	2.388	2.363	2.379	2.390	2.384	2.401	2.405
误差率/%	0.008	0.009	0.002	0.002	0.019	0.014	0.014	0.018	0.240	0.008

表 1-9 中的误差率（%）可由公式（1-7）计算得到：

$$\delta = \frac{|D \cdot f - d|}{d} \times 100\%　\qquad (1-7)$$

式中：D 为盘铣刀片像素长度（单位：像素）；f 为关系值（单位：μm）；d 为实际测量长度（单位：mm）。

进行边缘检测时，选择 Two-pass 标记法进行连通域处理，即逐行以某像素为中心对图像进行逆时针扫描，逐步实现连通域的标记。随后，去除细小连通域，保留区域主要的连通域。

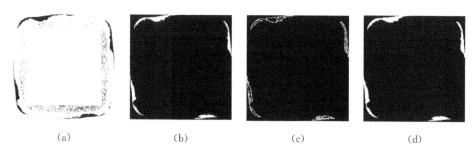

(a)	(b)	(c)	(d)

图 1-34　边缘检测结果

图 1-34(a)为去除连通域后的图像,图 1-34(b)为去除主连通域周围的细小连通域(干扰)后的二值图像。随后对图像进行边缘检测,选用有一定抗干扰能力,且边缘定位较精确的 Canny 算子,其表达式如公式(1-8)所示,其中,模板 $\boldsymbol{G}_x = \dfrac{1}{2}\begin{bmatrix} -1 & 1 \\ 1 & 1 \end{bmatrix}$,模板 $\boldsymbol{G}_y = \dfrac{1}{2}\begin{bmatrix} 1 & 1 \\ 1 & -1 \end{bmatrix}$。

$$\begin{cases} M = \sqrt{\boldsymbol{G}_x^2 + \boldsymbol{G}_y^2} \\ \theta = \arctan\left(\dfrac{\boldsymbol{G}_y}{\boldsymbol{G}_x}\right) \end{cases} \tag{1-8}$$

应用 Canny 算子获得盘铣刀片磨损区域边缘后,再对边缘内部区域进行填充,图 1-34(c)所示为边缘检测的结果,图 1-34(d)为区域填充的结果。利用填充图像实现磨损面积的统计计算,公式如下:

$$S = m \times f^2 \tag{1-9}$$

式中:S 为磨损区域面积;m 为磨损区域像素点个数;f 为像素尺度变换参数。

数控加工中,铣刀径向磨损区域的宽度 NB 是其磨损程度的重要指标之一。图 1-35(a)所示为磨损区域的上半部分截图,去掉尖角部分,沿图 1-35(b)所示最大宽度方向,利用公式(1-10)来计算,并取四个方向统计计算出的最大磨损宽度 $NB_{\max}$。

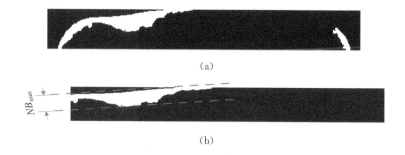

(a)

(b)

图 1-35　磨损区域最大宽度的检测方法

$$NB_{max} = D_{max}f \tag{1-10}$$

其中，D_{max} 为磨损区域内径向最大宽度；f 为像素尺寸转换值。

利用万能工具显微镜人工测量刀片磨损区域的实际参数，并与上述方法得到的测试数据对比，来检验其有效性。盘铣刀片磨损区域面积误差计算公式如下：

$$\mu_s = \frac{|S - s|}{S} \times 100\% \tag{1-11}$$

其中，μ_s 为磨损区域面积误差率，S 为显微镜实际测得的磨损面积，s 为利用上述机器视觉检测得到的磨损面积。

如图 1-36(a)所示，实际磨损区域面积与机器视觉检测的磨损面积之间的误差率统计结果显示，检测刀刃磨损面积的误差率控制在 10% 以内。图 1-36(b)所示为实际的与检测出的最大宽度的对比统计结果，误差率控制在 5% 以内。

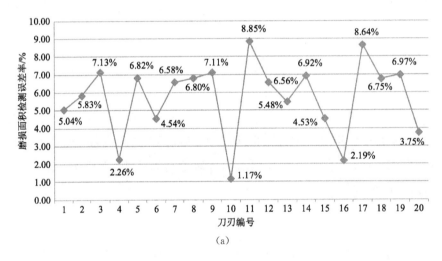

(a)

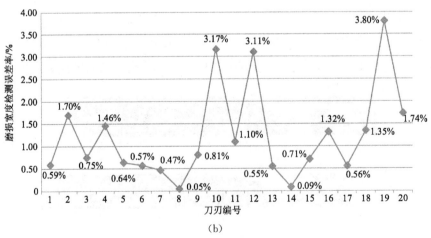

(b)

图 1-36　磨损区域面积及最大宽度误差率

总结

本案例以生产实际中应用较为广泛的组合式盘铣刀为研究对象,为获取其磨损区域的特征参数,进行了一系列的图像处理实验,包括图像预处理、形态学运算、边缘检测、区域分割及特征提取等。在大量图像处理实验的基础上,进行了对比统计分析及计算。实验中,利用迭代全局阈值 Otsu 分割法及图像形态学方法框定了检测区域,运用 Canny 算子进行了边缘检测,同时,通过 Two-pass 标记法实现了连通域的剪切处理,最终实现了磨损区域面积及最大磨损区域宽度的计算。

应用本案例所提出的盘铣刀刀片磨损区域分割方法及相关的参数进行计算,能够较为准确地检测出铣刀磨损区域面积及磨损宽度;与显微镜实际测量的结果相比较,误差率分别控制在 10% 及 5% 的范围内。

1.4　机械式指针仪表的读数识别

机械式指针仪表结构简单、易维护且价格低，在工业生产实践中应用广泛，是获取机械设备信息，实现设备状态监测的重要手段之一。

通常，机械式指针仪表信息是由指针示值或其偏转值来表达的，由人工判读或记录抄写的方法获取。判读或抄写过程容易受到各类主客观因素的影响，如观察角度、技术能力、现场条件、光线等环境因素。人工判读及抄写费时、费力，且不能保证信息完整、准确，易产生读写误差，不能及时、准确地获取机器运行状态参数的变化信息。

应用机器视觉及数字图像处理技术，研究机械式指针仪表读数方法及信息识别的技术始终是应用研究的热点之一，该研究成果已成功地应用到了工业生产实践中。例如，张凤翔等应用图像线检测原理实现了机械式指针仪表的读数识别。郭子海等应用 Hough 变换法进行了仪表关键要素的位置检测，并运用刻度相关系数实现了读数识别。赵艳琴等利用剪影法，以仪表指定转心作为研究的主要素并进行了标记识别。同样，Alegria 与 Serra 也使用剪影法，利用类比图像重叠差分算法标记仪表转心，确定机械式指针与刻度线的相对关系识别，实现读数识别的方法。此外，还有利用图像分割算法及几何投影技术实现指针仪表的表盘及指针的有效图像识别的方法，这类检测方法能够快速、准确、有效地进行读数，但是其成本较高。

结合 Hough 变换算法，本案例提出了一种新的指针式仪表读数的自动识别方法。该方法有三个主要步骤：首先是图像预处理，包括缩放与图像调正，灰度化、平滑去噪、二值化以及边缘检测，图像预处理可以提高图像的信噪比。其中，我们使用轮廓跟踪法进行表盘区域与指针区域的分割，同时进行了降噪处理。其次是指针直线的检测，包括使用形态学的方法进行仪表指针细化，通过 Hough 变换算法实现了指针位置检测与指针方向的确定。其中，我们利用剪影法确定了仪表回转中心。最后使用角度与刻度线关系确定仪表盘有效量程，完成了机械式指针仪表示数的自动读数识别。

本案例利用 GUI（图形用户界面）平台进行了相关的实验研究，并进行了直线检测、刻度线重合度的误差分析，为提高检测精度提出了相应的解决方案。

实验完成了三类共 20 余幅有代表性的指针式仪表图像处理及读数识别实验，实验结果表明：应用本案例提出的变换算法获取的指针式仪表读数比人工读数精度高 20%～30%。本案例所提出的自动读数识别方法更准确、可靠且读数效率高，省时省力，对企业机械设备的状态监测具有明显的现实意义。

1.4.1　仪表图像采集及读数识别方法

本案例以企业生产实际中普遍使用的指针式仪表为对象,研究了自动化地读取机械式指针仪表指示信息的方法。在图像采集方面,利用拥有固定行走路线的户外巡检机器人,巡检过程中机器人在指定工位利用安装在其上部的摄像头拍摄指针式仪表,并获取图像。常见的指针式仪表如图 1-37 所示,其中图 1-37(a)为普通压力表,图 1-37(b)为不锈钢压力表,图 1-37(c)为 WSS 仪表,图 1-37(d)为耐震压力表,仪表图像的分辨率为 1080×1080。

(a)　　　　　　　(b)　　　　　　　(c)　　　　　　　(d)

图 1-37　工业生产中使用的各类指针式仪表

不难看出,现场使用的机械式指针仪表图像背景复杂,光照条件不一,客观因素对图像质量有较大影响,对人工读取、抄写仪表信息有较大影响。一般利用图像处理技术进行信息识别时,首先进行的是图像变换,即将原始图像转换为灰度图像;再进行灰度值的统计分析,并据此进行灰度图像的二值化处理;然后利用图像处理算法实现指针和表盘的区域分割,再应用相关的变换算法实现关键要素(如指针直线和仪表指针回转中心)的识别,从而确定仪表表盘量程;最后获取相关显示信息,即识别仪表读数。一般情况下,当光照条件较好且没有明显变化时,上述图像处理方法是适用的。但现场条件千变万化,如机器人每次拍摄的角度不同,光线过亮或过暗以及拍摄上下位置不一或抖动等,都会对所获取的图像产生影响。

图 1-38 所示为仪表图像采集系统各部件的关系连接图,安装在巡检机器人的摄像头获取的图像数据经过四芯网线传输到主控制盒,主控制盒通过 RS232 总线将数据传输至无线数据传输单元,由无线数据传输模块将压缩好的仪表图像数据传输给中央控制计算机,进行实时图像处理、分析。

图 1-39 所示为本案例中进行机械式指针仪表图像处理的流程图,流程主要包括仪表图像输入、缩放及图像位置调整等初级技术处理;图像灰度化、平滑去噪、二值化及边缘检测等图像预先处理;之后是仪表盘主要素的定量分析,即指针分析及仪表量程分析,前

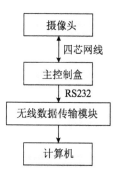

图 1-38　系统硬件整体结构框图

者涉及指针的细化、直线检测、回转中心定位及指针定位等,后者主要是量程的定量化计算;最后是仪表指示信息的识别。

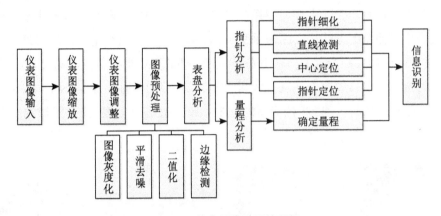

图 1-39　仪表图像处理流程图

1.4.2　图像处理及特征识别方法

经过缩放及调整后,对仪表图像进行处理的第一步是图像的预先处理,即灰度值的统计分析、平滑处理、二值化及边缘检测。图像平滑处理的目标是去除图像噪声,采用的方法是非线性中值滤波算法。中值滤波运算的数学公式如公式(1-12)所示。

$$y = \mathrm{med}\,\{t_1, t_2, t_3, \cdots, t_n\} = \begin{cases} t_{i[(n+1)/2]} & n\ \text{为奇数} \\ \dfrac{1}{2}\left[t_{i(n/2)} + t_{i(n/2+1)}\right] & n\ \text{为偶数} \end{cases} \tag{1-12}$$

其中,y 表示某像素点周围像素点 $t_1, t_2, \cdots, t_n$ 的中间灰度值。此时,假设 $t(i, j)$,$(i, j) \in I \times I$,为周围像素的灰度值,则相应的滤波算法公式如下:

$$y(i, j) = \mathrm{med}\,\{t(i, j)\} = \mathrm{med}\,\{t(i+r, j+s),\ (r, s) \in A(i, j) \subset I \times I\} \tag{1-13}$$

边缘检测采用 Canny 算子,Canny 算子对图像进行检测的算子模板如公式(1-14)所示。

$$\boldsymbol{G}_x = \begin{bmatrix} -1 & 0 & 1 \\ -2 & 0 & 2 \\ -1 & 0 & 1 \end{bmatrix} \quad \boldsymbol{G}_y = \begin{bmatrix} 1 & 2 & 1 \\ 0 & 0 & 0 \\ -1 & -2 & -1 \end{bmatrix} \tag{1-14}$$

其中,$\boldsymbol{G}_x$ 和 $\boldsymbol{G}_y$ 分别表示水平和垂直方向的检测模板。图 1-40 显示了预处理主要过程及相应的处理结果。图 1-40(a)为仪表原始图像,图 1-40(b)为经过中值滤波处理后的图像,可以看出仪表盘面上的噪声点明显减少;图 1-40(c)为仪表图像二值化的处理结果;

图 1-40(d)为利用 Canny 算子进行边缘检测的结果。相比较而言，Canny 算子边缘检测的结果中仪表表盘信息较为清晰完整。

（a）　　　　　　　　（b）　　　　　　　　（c）　　　　　　　　（d）

图 1-40　图像预处理过程及相应结果

图像预处理完成后，要进行仪表图像主要素的特征识别，包括表盘轮廓与仪表指针的特征参数识别。原理是利用轮廓跟踪法对主要素的边缘进行跟踪，然后按照顺序将主要素边缘点找出并描绘出来，最后进行统计分析。预处理获得的图像要素较多，相应的轮廓区域复杂、多样，这为获取表盘区域增加了较大的难度。本案例采用如下步骤实现主要素的边缘跟踪：

① 以图像左上方为轮廓跟踪的起始点，对整个图像区域的像素点进行逐点分析、跟踪，以能折返起点并形成闭合区域者为有效轮廓，最后在轮廓区域内填充；

② 按照上述步骤重复寻找下一个轮廓区域，再填充，直至完成整个仪表表盘图像的分析、跟踪；

③ 根据分析、跟踪过程获得的数据进行二值化处理，得到整个表盘区域。

图 1-41(a)、(b)，分别是经过上述步骤后获得的边缘图像和填充后的轮廓跟踪结果。

  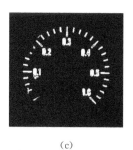 

（a）　　　　　　　　（b）　　　　　　　　（c）　　　　　　　　（d）

图 1-41　仪表表盘轮廓跟踪结果

为获取指针式仪表主要素，即表盘和指针的特征，本案例采用面积最大化方法，将原始图像和处理后得到的指针图像先叠加，再相减，最终获得了主要素表盘与指针区域的图像，如图 1-41(c)、(d)所示。

一般指针式仪表中的主要素都是直线，如指针直线和构成表盘的短直线族。首先需利用形态学方法对图 1-41(c)、(d)所示仪表图像进行细化处理,再应用 Hough 变换法进行直线检测,将图像中的几何形状变换为参数集合。

以上述结果为基础,统计出刻度线所在的圆心位置,即表盘回转中心的位置 $P_o(x, y)$。应用轮廓边缘跟踪求出最小刻度线点 $P_{min}(x, y)$、最大刻度线点 $P_{max}(x, y)$ 及有效量程 θ,如图 1-42(a)所示。最后根据指针直线位置进行刻度读数的标记,如图 1-42(b)所示。

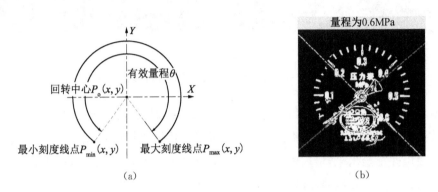

(a)   (b)

图 1-42　仪表有效量程范围的确定及标记

设 θ_{min} 为最小刻度角,θ_{max} 为最大刻度角,ω_{min} 为仪表最小读数值,ω_{max} 表示最大读数值,检测出的指针直线夹角为 θ,所指示的读数为 ω_θ,则根据线性比例关系可求出仪表读数,如公式(1-15)所示。

$$\omega_\theta = \frac{\omega_{max} - \omega_{min}}{\theta_{max} - \theta_{min}}(\theta - \theta_{min}) + \theta_{min} \tag{1-15}$$

本案例应用上述读数识别方法分别完成了普通压力表、WSS 仪表、不锈钢压力表三类共计 20 幅机械式指针仪表图像的处理及读数识别实验。图 1-43 所示是三类指针仪表图

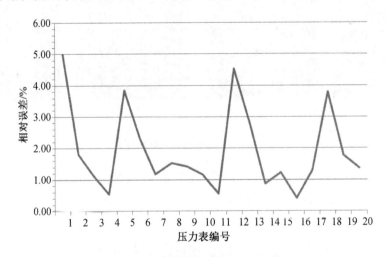

图 1-43　图像处理结果的对比分析

像的处理及读数识别结果与仪表实际指示值的相对误差对比分析结果。图中,横坐标1~6表示普通压力表,7~14表示 WSS 压力表,15~20 表示不锈钢压力表。三类压力表识别结果相对误差的平均值分别为 2.44%、1.76% 及 1.65%,总体平均相对误差为 1.93%。

总结

本案例以生产实际中广泛使用的机械式指针仪表为研究对象,为获取仪表指示值,给出了一系列的图像处理方法,包括图像预处理、表盘区域分割及特征提取方法、仪表中心确定方法、量程识别及读数识别的分析计算方法等。在大量图像处理实验的基础上,进行了误差分析及计算。实验利用形态学原理对图像主要素进行了细化处理,应用 Hough 变换法实现了对主要素、指针方位的检测及识别;通过剪影法确定了仪表中心,完成了仪表读数识别。

由实验可知,通过仪表图像采集系统,可以较准确地获得机械指针式仪表读数,与仪表示值相比较,平均识别正确率达到 98.07%。

案例使用说明

(1) 适用范围

适用对象：机械专业学位研究生或高年级本科生，相关的技术人员等。

适用课程：机械故障诊断学、机械工程测试技术及综合实验专题等。

(2) 教学目的

通过对自聚焦透镜端面缺陷图像特征的分析、高速铣刀及盘铣刀片磨损状态的特征识别、机械式指针仪表的读数识别等案例的分析与相关特征参数的计算，使学生拓展所学知识，加深对机械图像分析及识别方法的理解；了解图像采集、处理的基本过程，掌握图像特征提取的基本方法；能够运用所学知识及相关软件进行图像处理实验，解决生产实际问题。

(3) 教学准备

① 简要介绍图像的基本概念、图像采集方法，以及图像处理的相关技术方法等。

② 简要介绍自聚焦透镜的基本结构、原理、应用及主要的生产工艺。

③ 介绍案例涉及企业(陕西威尔机电科技有限公司)的行业背景、主要产品及其应用；举例说明自聚焦透镜端面质量的传统检测方法及存在的问题，特别是该检测方法对企业生产效率及经济利益的影响。

(4) 案例分析要点

通过案例分析要掌握的主要知识点包括以下几个方面：

① 自聚焦透镜生产工艺及质量检测的基本方法；端面崩边、局部麻点及划痕的基本形式及特征表示方法。

说明：这部分内容需结合企业生产过程、行业背景等相关知识进行讲解。但重点要讲解的是图像中三种缺陷的区别和表示方法。

② 图像的概念及主要的图像处理方法，包括图像的操作、预先处理及主要的特征提取算法。

说明：这部分内容需结合图像处理实验进行讲解，相关的概念及主要的图像处理算法应结合给定的图像处理程序进行详细的阐述。

③ 典型缺陷图像特征分析及特征提取算法，相关的前沿技术的介绍及评价。

说明：这部分是案例分析的重点内容，也是主要的技术难点。可给定缺陷图像，让学生自己调整程序的各运行参数，进行特征提取实验，根据实验数据及相关的数据表格给出具体的分析结果，老师再根据实验结果及存在的问题进行讲解。

此外，还可简要介绍目前图像处理技术发展状况及相关的前沿技术，特别要指出目前该类技术在解决生产实际问题时的局限性。

（5）教学组织方式

① 主要内容及教学资料

主要内容

图像的基本概念；图像处理的基本过程及其原理；图像处理技术在机器运行状态监测及故障诊断中的应用。

图像采集原理，运用 MATLAB 进行图像操作或运算的基本方法。

图像预处理方法及其应用；图像特征的概念及其计算方法。

教学资料

案例教案（讲义），原始图像（含有典型缺陷），有明确注释的自聚焦透镜端面图像处理程序（MATLAB）及教学案例正文。

② **课时分配**

教学内容及课时分配如表 1-10 所示。案例教学的内容主要包括案例背景及相关知识的讲解，重点要进行案例主体部分的展开。主要的教学方式有课堂讲解及讨论，之后进行应用总结。应用总结时应具体阐述通过上述方法获得的统计参数（特征）在自聚焦透镜质量检验中的作用。

③ **讨论方式**

以小组讨论为主，如果班级人数在 20 人以下，则不分组，由教师引导学生讨论。讨论时要围绕案例主线开展，讨论内容以图像特征提取算法及企业面对的实际问题之间的关系为主。

④ **课堂讨论总结**

由教师引导学生做出总结，具体阐述通过图像处理获取特征参数的原理和方法；再讨论在生产实际中如何应用相关技术及应用的具体效果。

表 1-10　案例教学内容及课时分配

教学内容提要	时间分配	教学方法与手段设计
1. 背景及相关知识 （1）行业及企业背景介绍 （2）案例涉及的基本概念及图像处理方法 （3）统计特性及特征参数 **2. 案例分析** （1）图像处理及特征提取实验（三种缺陷特征） （2）特征描述及产品质量检测标准 （3）应用总结	2 min 4 min 4 min 30 min 10 min 10 min	用提出问题、启发等方法引出图像及图像处理的概念，进而引申出自聚焦透镜等生产质量检验问题； 回顾机械故障诊断学中的相关概念及方法； 案例讲解和课堂讨论，注意围绕案例主线问题，启发和调动学员学习的积极性，加强与学员的交流与互动

练 习 题

(1) 根据图像采集时环境条件对图像处理结果的影响,论述图像采集系统中光源、镜头及工业相机选型设计的原则。

(2) 图像预处理的主要目的是什么? 请论述中值滤波的概念及方法。

(3) 生产实际中,应用图像处理特征识别方法进行产品类型划分、计数及产品质量检验的例子还有哪些?

(4) 利用图像处理技术实现产品质量检测和控制的一般方法是什么?

② 机加工表面拓扑结构特征分析

摘要：为加深对机械图像时域分析及频域分析的基本方法及其应用的理解，本案例详细地研究了机械加工表面的微观结构特征，介绍了传统接触式测量仪和光学测量仪获取轮廓信号的基本原理。通过对信号的小波进行分解和重构，提取了形态误差、波纹度以及粗糙度等表面特征参数。另外，案例中还详细地论述了小波基函数的选择以及小波分解层次确定等基本的应用问题。

关键词：机械加工；结构特征；信号处理

背景信息

企业在生产实践中发现，在同等加工条件下，所加工零件（如化工生产过程除尘设备的整体式叶轮，材料铝合金）的表面质量会有所不同（表面轮廓的波纹度及粗糙度指标），本案例希望通过表面轮廓分析，寻找产品表面轮廓的波纹度及粗糙度特征的变化规律，为进一步分析产品（机械加工表面）质量下降的原因奠定理论基础。

该教学案例的主体部分包括：为校企合作进行的实验测试、试件轮廓特征分析及特征提取计算的整个过程。

案例正文

2.1 概述

本案例中,整体式叶轮材料为铝合金,经铣削加工后形成的表面为典型的工程表面。一般通过实验测试可以获得与表面微观轮廓相关的信号,通过对该信号进行结构分析及特征识别,可以有效地分析零部件的性能及其工艺过程,由此可获得改进产品质量、设备故障诊断和状态监测的方法和途径。

典型工程表面信号的频谱包含一系列的空间频率,高频或短波长成分对应于表面粗糙度(roughness)的分布,中频成分对应于波纹度(waviness),而低频率成分则反映了表面的形态误差(form error)。显然,不同的工艺制造过程将导致不同波长特征的产生。工程表面分析的基本方法是将信号按不同的频段进行分解,并使之与有关的工艺、过程参数形成映射关系。通常,滤波是实现这一目标的主要途径。在表面信号分析中,有两个基本的问题:其一,选择分析方法,即确定滤波器及其参数,以合理地区分粗糙度、波纹度、形态误差的分布以及合理地确定由后两者构成的基准线;其二,基于分析方法建立相应的表面质量评价理论。

本案例以小波分析作为主要的频域分析方法。小波分析是实现工程表面纹理和拓扑结构特征分析的有效方法之一。小波分析技术广泛地应用于图像处理和信号处理中,其原因是利用小波分析方法可有效地分解二维或三维信号。在工程表面分析的应用研究中,Gao、Lu 等提出了基于小波和分数维的工程表面分析方法,实现了表面拓扑特征的分离。Fu 和 Raja 总结了有关的分析方法,并根据小波基函数及其尺度函数的转换特性,详细地研究了不同小波基函数应用于工程表面信号分析中时的区别、优劣,据此提出了小波基函数的合理选择方法。本案例将详细讨论表面信号滤波、特征区分方法以及小波分解层次确定等相关内容。另外,还描述了机加工表面轮廓的光学测量方法的基本原理,并针对试件表面典型形貌特征进行了一系列的特征分离实验,本案例还将详细论述相关的实验结果。

2.2 测试实验及数据分析方法

用 $z(t)$ 表示表面综合形貌,则表面信号滤波的数学过程可描述如下:

$$输入\ z(t) \Rightarrow 滤波(冲激响应函数为\ h(t)) \Rightarrow 输出\ g(t)$$

其数学运算可以简单地写作: $g(t) = z(t) * h(t)$。

显然,表面特征分离的理想的数学模型应为:

$$z(t) = g_1(t) + g_2(t) + g_3(t) = z(t) * h_1(t) + z(t) * h_2(t) + z(t) * h_3(t) \quad (2-1)$$

设 $H_i(\omega)$ 为 $h_i(t)$ 的傅里叶变换, w_i 表示信号中各成分的分界频率,则

$$H_i(w) = \begin{cases} 1, & w_{i-1} < |w| < w_i \\ 0, & 其他 \end{cases} \quad i = 1, 2, 3; \ w_0 < w_1 < w_2 < w_3$$

因此, $z(t)$ 可以表示为:

$$z(t) = \sum_m z_{m(t)} \quad m \in \{m_{\text{FormError}}, m_{\text{Waviness}}, m_{\text{Roughness}}\} \quad (2-2)$$

其中, $m_{\text{FormError}}$, m_{Waviness}, $m_{\text{Roughness}}$ 分别表示形态误差部分,波纹度部分,粗糙度部分。也就是说,表面形貌信号可以理解为不同的二尺度或频率成分之和。即

$$z_{\text{Waviness}}(t) + z_{\text{Roughness}}(t) = z(t) - z_{\text{FormError}}(t) \quad (2-3)$$

在特定层次下进行分解,通过小波近似重构,容易获得形态误差部分 $z_{\text{FormError}}(t)$。则通过公式(2-3)可得到波纹度部分 $z_{\text{Waviness}}(t)$,方法仍然是小波分解、近似重构,最终可以获得表征表面粗糙度分布的 $z_{\text{Roughness}}(t)$。

在小波分析的工程应用中,一个十分重要的问题是小波基函数的选择。通常,在工程表面信号分析中,主要考虑小波基函数及其尺度函数对信号转换时的转换特性,以获得良好的线性幅值和相位转换特性。在众多的小波基函数中,可以考虑使用的小波基函数包括:具有线性滤波特性的正交 Haar 小波,非线性相位滤波特性的 Daubechies 小波,近似线性相位滤波的正交 Coiflet 小波以及具有线性相位滤波特性的 Biorthogonal 小波。在实际应用中,可根据具体问题进行适当的选择。Fu 和 Raja 分析了以上几种小波基函数的差异并提出了在工程表面分析应用中的最佳选择是 Biorthogonal 小波系列(实际推荐的是 Bior 6.8 小波基函数)。Biorthogonal 小波的主要特性是具有线性相位转换特性,其广泛地应用于信号或图像的分解和重构中。通常,Biorthogonal 小波变换采用一个函数进行分解,用另一个函数进行重构。

为了实现试件表面的微观结构特征分析,实验中采用两种方法测量试件表面轮廓信号。一种是采用传统的接触式测量仪(陕西威尔机电科技有限公司生产的 SPR2000 粗糙度轮廓仪),另一种是光学法,非接触式测量仪通过对反射光空间分布的分析实现表面的测量和评价。光学方法采用功率为 3 mW,波长为 650 nm 的二氧化碳激光光源,以小角度(10°或 20°)照射被测试表面。由于反射光阴影的光强度 $I(\varphi)$ 与表面漫反射率以及倾角呈比例关系,因此,通过监测 $I(\varphi)$ 可以实现表面轮廓的测量。光强度的变化通过 $1\,090\times 1\,370$ 像素的 CCD 记录并转换为电信号。

金属试样的尺寸为 $20\,\text{mm}\times 20\,\text{mm}\times 0.8\,\text{mm}$,材料为铝合金。分别用接触式测量仪和光学方法对试样表面进行测量。试样表面被划分为三个区域,沿着与试样表面高度垂直的方向(即水平方向)进行测量。测量线分别距试样顶端 2 mm、4 mm 和 6 mm。

经统计分析,获得形态误差和波纹度的频段为:$0\sim 1.7\,\text{mm}^{-1}$。

如上文所述,多分辨分析是利用小波分解滤波器不断地对表面信号进行滤波,以获得信号结构特征的合理分解。选择 Biorthogonal (Bior 6.8)小波为小波变换的基函数,对获得的轮廓信号进行分解。小波分解层次 N 可根据信号的分界频率 f_0(或波距 w_0)以及信号采样频率 f_{sample}(或波距 w_{sample})按公式(2-4)进行估计。

$$N = \log_2 \frac{f_{\text{sample}}}{f_0} \quad 或 \quad N = \log_2 \frac{w_0}{w_{\text{sample}}} \tag{2-4}$$

根据实验结果,可以计算出

形态误差的频率 $f_0 = 0.55\,\text{mm}^{-1}$,波纹度的频率为 $1.7\,\text{mm}^{-1}$,采样频率 $f_{\text{sample}} = 118.2\,\text{mm}^{-1}$。

因此,分解波纹度时计算得到的分解层 $N = 6.119\,6(\approx 6)$,分解形态误差时 $N = 7.747\,6(\approx 8)$。通过小波分解、重构,可分别获得信号的粗糙度、波纹度以及形态误差。表 2-1 展示粗糙度参数 Ra 的估计值与仪器显示的粗糙度参数 Ra^* 的比较结果。相对误差 δ 由公式(2-6)计算。

$$\delta = \frac{|Ra - Ra^*|}{Ra^*} \times 100\% \tag{2-5}$$

表 2-1　粗糙度参数 Ra 的估计及其比较

试样表面编号	$Ra/\mu m$	$Ra^*/\mu m$	信号采样频率/mm^{-1}	分解层次	$\delta/\%$
1-3a	3.739 2	3.50	118.906 1	6	6.83
1-3b	3.866 5	3.70	118.483 4	6	4.50
1-3c	4.519 1	4.20	118.906 1	6	7.60
1-4a	3.124 5	3.00	119.189 5	6	4.15
1-4b	3.245 9	3.20	119.617 2	6	1.43

试样表面编号	$Ra/\mu m$	$Ra^{*}/\mu m$	信号采样频率$/mm^{-1}$	分解层次	$\delta/\%$
1-4c	3.248 7	3.40	119.331 7	6	4.45
2-1a	6.973 3	6.70	118.906 1	6	4.08
2-1b	9.066 5	9.20	119.047 6	6	1.45
2-1c	10.316 0	10.30	118.906 1	6	0.16

Ra 为基于小波重构信号得出的计算值；　Ra^{*} 为仪器显示值。

通常，机械加工表面有比较明显的切削痕迹特征，这些痕迹以特定的空间频率分布在被加工的表面，形成该表面的主要结构特征。为了详细研究机械加工表面这一特殊的拓扑结构特征，本案例沿试件水平方向设置了 12 条轮廓线（编号：No.1～No.12），分别分布于试件 A、B 和 C 区域，用上述的光学方法进行表面的形貌变化测量。图 2-1 所示为分别采自试样表面 A、B 和 C 区域的轮廓信号（No.1 到 No.12）的 PSD（功率谱密度）估计。

经过统计分析可知，信号波纹度的频带为 0.55～1.7 mm^{-1}。图 2-2 给出了试样表面 12 条轮廓线信号（No.1～No.12）的 Burg PSD 谱图。

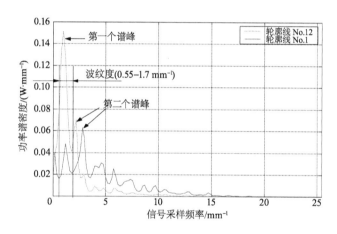

图 2-1　不同区域信号的 Burg PSD(No.1、No.12)

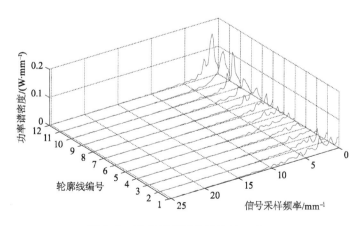

图 2-2　12 条测量线信号的 Burg PSD

很明显,从 A 区、B 区到 C 区,信号低频分量的能量不断增加,而且谱峰(图 2-1 和图 2-2)对应的频率值不断减小。为了分离表面信号特征,可通过小波分解、重构获得波纹度成分。根据统计分析结果,可将小波分解层次确定为:信号的形态误差 $N \approx 7$(估计值为 6.542 9);信号的波纹度 $N \approx 5$(估计值为 4.914 8)。图 2-3 所示为通过小波分解、重构获得的 12 条波纹度信号,图 2-4 展示了轮廓线信号的 RMS(均方根值)的变化过程。可以看出在 A 区测得的信号低频成分较 B 区略高,并随着测量线向 C 区推移,信号波纹度的 RMS 不断地增加。这一现象基本上反映了表面的拓扑结构特征。另外,从 PSD 谱图可以看出,信号在低频区域包含两个主要成分,如图 2-1 所示的两个谱峰。这两个低频成分主导了机械加工表面结构特征的主要方面。

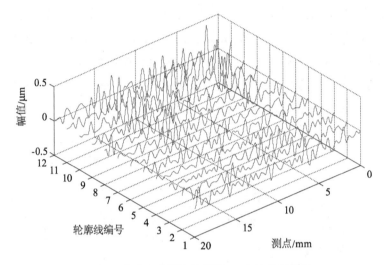

图 2-3   通过小波重构获得的 12 条波纹度信号

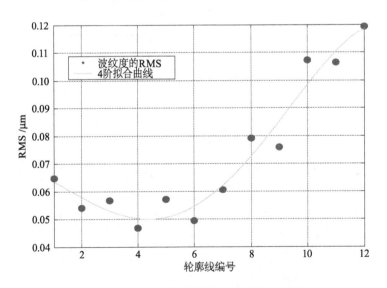

图 2-4   12 条波纹度信号 RMS 的变化过程

图 2-5 和图 2-6 反映了对应于 12 条测量线(No. 1～No. 12)的各波纹度信号中第一和第二谱峰对应波长的变化规律。从图中可以得出如下结论：在 C 区，1.0 mm 和 0.5 mm 波长的波纹度信号是该表面轮廓结构中的主要组成部分。

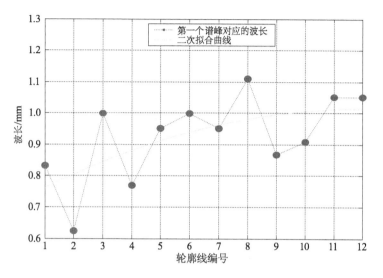

图 2-5　对应于 12 条测量线的各波纹度信号中第一个谱峰波长及其拟合曲线

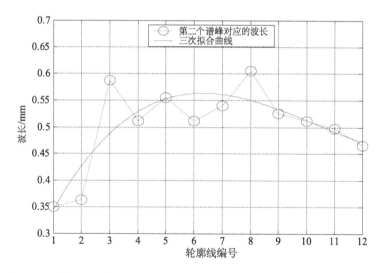

图 2-6　对应于 12 条测量线的各波纹度信号第二个谱峰波长及其拟合曲线

总结

本案例采用小波分解和重构的方法对机械加工表面信号进行了一系列有效的实验研究。实验结果表明：从轮廓信号中提取的形态误差信号、波纹度信号和粗糙度信号是合理的，能够有效地描述工程表面的多尺度特征，并为表面质量评价、粗糙度计算提供有效的信息。另外,本案例通过小波分解和重构,详细地分析、描述了机械加工表面光学信号的典型特征,不仅描述了波纹度信号的变化趋势,而且通过统计分析确定了该表面信号波纹度成分中波长(或频率)的变化规律。为该表面的工艺过程分析提供了翔实、具体的数值结果。

但要注意以下问题:

(1) 基于小波分解、重构和根据标准滤波器计算得到的粗糙度参数之间,存在一定的差异。

(2) 对于不同精度的工作表面,粗糙度与低频信号的分界波距、采样间距都是不同的,如何有效地确定 N 的取值,往往要视实际情况而定。因此,对于这些方面还需做细致的研究。

案例使用说明

(1) 适用范围

适用对象：机械专业学位研究生或高年级本科生,相关的技术人员等。

适用课程：机械故障诊断学、机械工程测试技术及专业综合实验专题等。

(2) 教学目的

通过对机械加工表面轮廓进行数字特征分析与相关参数的计算,使学生拓展所学知识,加深对机械图像分析及其识别方法的理解;了解数据采集、处理的基本方法,掌握数据特征提取的基本方法;能够运用所学知识及相关软件进行数据处理实验,解决生产实际问题。

(3) 教学准备

① 简要介绍小波的基本概念及其分解重构方法,数据处理的相关技术方法等。

② 简要介绍机械加工原理、应用及主要的生产工艺。

③ 介绍案例涉及企业(陕西威尔机电科技有限公司)的行业背景、主要产品及其应用;举例说明表面质量的传统检测方法及存在的问题,特别是案例中方法对企业生产效率及经济利益的影响。

(4) 案例分析要点

通过案例分析要掌握的主要知识点包括以下几个方面:

① 机械加工(主要)生产工艺及质量检测的基本方法;轮廓的基本概念及特征表示方法。

说明:结合企业生产过程、行业背景等相关知识对这部分内容进行讲解。但重点要讲解粗糙度、波纹度的区别和表示方法。

② 波纹度的概念及其主要的特征参数提取方法,包括数据的操作、预先处理及主要的特征提取算法。

③ 相关的前沿技术的介绍及评价。

说明:这部分是案例分析的重点内容,也是主要的技术难点。可给定原始数据,让学生自己调整程序的各运行参数,进行特征提取实验;根据实验数据及相关的数据表格给出具体的分析结果,老师再根据实验结果及存在的问题进行讲解。

简要介绍目前数据处理技术发展状况及相关的前沿技术,特别要指出目前该技术在解决生产实际问题时的局限性。

(5) 教学组织方式

① **主要内容**

信息的基本概念;数据处理的基本过程及其原理;数据处理在机器运行状态监测及故

障诊断中的应用。

数据采集的方法及原理,运用 MATLAB 进行图像操作或运算的基本方法。

数据预处理方法及其应用;特征的概念及其计算方法。

② **教学资料**

案例教案(讲义),原始数据(含有三种典型机械加工),有明确注释的数据处理程序(MATLAB)及教学案例正文。

③ **课时分配**

教学内容及课时分配如表 2-2 所示。案例教学的内容主要包括案例背景及相关知识的讲解,重点要进行案例主体部分的展开,主要的教学方式有课堂讲解及讨论,之后进行应用总结。应用总结时应具体阐述利用上述方法计算获得的统计参数(特征)及其应用。

④ **讨论方式**

以小组讨论为主,如果班级人数在 20 人以下,则不分组,由教师引导学生讨论。讨论时要围绕案例主线开展,讨论内容以数据特征提取算法及企业面对的实际问题之间的关系为主。

由教师引导学生做出总结,具体阐述通过数据处理获取特征参数的原理和方法;再讨论生产实际中如何应用相关技术及应用的具体效果。

表 2-2　案例教学内容及课时分配

教学内容提要	时间分配	教学方法与手段设计
1. 背景及相关知识 (1) 行业及企业背景介绍 (2) 案例涉及的基本概念及数据处理方法 (3) 统计特性及特征参数 **2. 案例分析** (1) 数据处理及特征提取实验(给出轮廓测试实验数据及相关处理程序) (2) 特征描述及相关的国家标准 (3) 应用总结	2 min 4 min 4 min 30 min 10 min 10 min	用提出问题、启发等方法引出粗糙度、波纹度的概念,进而引申出生产质量检验问题; 回顾机械故障诊断学中的相关概念及方法,特别是数字特征的计算及其应用; 案例讲解和课堂讨论,注意围绕案例主线问题,启发和调动学员学习的积极性,加强与学员的交流与互动

■ **练 习 题** ■

(1) 表面轮廓的概念及相关的检测方法有哪些?

(2) 参阅相关国家标准,并说明表面粗糙度、波纹度的主要参数有哪些? 一般可如何检测并获得这些参数?

(3) 获取表面轮廓特征的一般方法是什么?

(4) 已知某机械加工表面轮廓数据(某次测试实验) $x(t_i)$, $i=1,2,3,\cdots,n$;三列数据中左列表示测点位置,右列为轮廓传感器输出电压值,中间一列表示测量线的位置,请根据 $p(x)$ 的含义,求出 $x(t)$ 的概率分布密度函数 $p(x)$ 的直方图估计。

			11.620	0.000	$-9.402\,58$
0.000	0.000	$-9.829\,83$	13.280	0.000	$-9.028\,49$
1.660	0.000	$-9.829\,83$	14.940	0.000	$-8.568\,26$
3.320	0.000	$-9.830\,01$	16.600	0.000	$-8.164\,25$
4.980	0.000	$-9.823\,91$	18.260	0.000	$-7.912\,92$
6.640	0.000	$-9.801\,29$	19.920	0.000	$-7.775\,40$
8.300	0.000	$-9.744\,68$	21.580	0.000	$-7.649\,85$
9.960	0.000	$-9.627\,15$	23.240	0.000	$-7.498\,51$
			24.900	0.000	$-7.339\,36$

(5) 求出模拟信号 $S = 2 + 3\cos\left(2\pi \times 50 \times t - \pi \times 30/180\right) + 1.5\cos\left(2\pi \times 75 \times t + \pi \times 90/180\right)$ 的幅值谱密度函数。

要求:

① 画出频谱图,并指出各频率分量的准确位置及其峰值。

② 指出频率谱图中第一个峰值的位置,并分析出现低频峰值的原因是什么,如何去除该峰值。

3 转轴组件的振动监测及故障诊断方法

摘要：为加深对机械图像时域分析及频域分析的基本方法及其应用的理解，本案例详细地叙述了应用振动监测设备开展的四个典型的生产实际中应用的故障诊断技术的案例，包括 CO_2 压缩机组故障诊断、主风机不对中故障诊断、风机轴承内轨道裂纹故障诊断及转轴裂纹故障诊断，并详细介绍了转轴组件监测技术及故障诊断方法、振动测试方法及故障诊断的基本过程。

关键词：压缩机械；振动分析；信号处理

背景信息

故障是指设备的功能失常，振动是设备故障的主要表现形式。因此，对振动强度进行测试和对振动信号进行分析处理是故障诊断的主要方法。当然，随着测试技术手段的发展、进步，目前设备故障诊断中也常常引入转速、压力、流量、电流、电压等参数，以便更准确地甄别故障，提高故障诊断的效率。

利用振动测试进行故障诊断的手段较多，本节结合具体方法列举了生产实际中故障诊断的案例。该教学案例的主体部分即为校企合作进行的实验测试，主要包括振动信号特征分析、特征的提取方法、故障诊断方法及计算结果分析。

案例正文

3.1 压缩机轴封损坏引起突然不平衡故障诊断

CO_2 压缩机组是大型化肥制造装置的关键设备,一旦停机,整个化肥生产线便需停产,甚至会危及合成装置的正常运作。因此,这台机组的运行情况直接关系到企业的经济效益。

（1）机组概况

CO_2 压缩机组的工艺流程及测点布置如图 3-1 所示,其高压缸型号为 2BCL306/A,为竖直剖分缸体,六级叶轮为背靠背布置。高压缸径向瓦采用五油楔可倾瓦,止推瓦采用金斯伯雷型瓦,轴端密封采用迷宫密封加气体机械密封。机组振动、位移测量系统采用本特利 7200 系列仪表,振动报警值为 75 μm,联锁值为 125 μm。

（2）事故经过

2018 年 3 月 17 日 13 时 30 分,在工艺未做任何调整的情况下,压缩机一段入口流量 F-08103 突然由 23.5 kNm^3/h 下降到 16.7 kNm^3/h,三段入口压力升至满量程,同时听到压缩机高压缸声音异常。现场发现二回一防喘振阀 HV-08103 自动打开,用手轮关闭该阀时,压缩机发生喘振,随后其他仪表联锁动作,13 时 36 分机组跳车。

在对仪表进行调校后于 16 时 20 分重新启动机组。在低速缓机过程中,发现高压缸振动异常,以往高压缸振动值通常只有 5～15 μm,而这次达 40 μm,升速至高压缸转速约 8 000 r/min(接近临界转速)时,高压缸振动大,引起机组联锁停机。

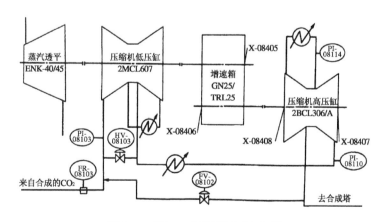

图 3-1　机组工艺流程及测点布置

(3) 振动测试与分析

为了查找故障原因，17时30分再次启动机组，并使用便携式仪器对高压缸振动情况进行现场监测分析。

机组冲转后，分别在1 380 r/min、1 800 r/min、2 050 r/min、2 250 r/min转速下充分暖机，同时测量并记录各转速下高压缸外壳振动值和7200系列仪表显示的振动值，如表3-1所示。

表3-1　各转速下高压缸振动值

透平转速/ $(r \cdot min^{-1})$	高压缸外壳振动/μm		7200系列仪表显示的振动值/μm	
	三段入口端	四段入口端	X-08407A/B	X-08408A/B
机组正常时	测不到	测不到	15/8	9/5
1 380	6	3	30/17	18/13
1 800	14	6	42/26	27/18
2 050	20	8	53/35	35/22
2 250	27	12	62/43	42/26

用便携式仪器分析高压缸在各转速下的振动信号，发现其幅值谱、波形、轴心轨迹特征均相同，以透平转速2 250 r/min（高压缸转速4 360 r/min）下振动信号为例，信号的幅值谱、波形及轴心轨迹如图3-2所示。

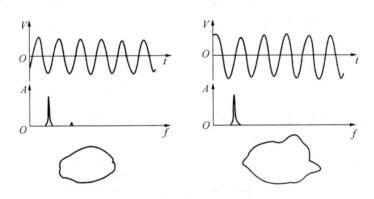

图3-2　高压缸振动信号幅值谱、波形及轴心轨迹

由表3-1可以看出，振动值随转速的升高而迅速增大；由图3-2可以看出，幅值谱中主要为工频成分，其他成分几乎不存在，波形为光滑的正弦波，轴心轨迹为接近圆形的椭圆。

从以上迹象来看，可初步判断故障原因为转子失衡。

(4) 故障分析诊断

为了进一步做出更为准确的判断，又利用DCS（集散控制系统）操作系统的追忆功能，调出了各有关参数在停车前后的变化趋势,如图 3-3 所示。

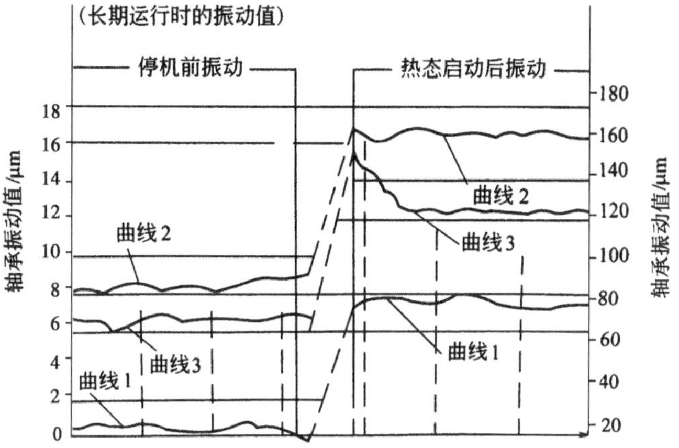

图 3-3　停车前后各工艺参数变化

根据上文振动分析结果,综合工艺参数在停车前后的变化趋势,分析诊断如下:

① 高压缸转子发生剧烈振动的原因是转子突然失衡,同时跳车前曾发生过喘振。

② 经过长时间的充分暖机,振动情况并未发生好转,可以排除转子热弯曲的影响。

③ 可以排除转子缺损的因素,因为工艺参数变化表明流道内有异物堵塞,而转子上都是硬质部件,如有缺损不会严重堵塞流道。

④ 转子上有异物黏着,导致其不平衡,引起剧烈振动。这个可能性最大,原因如下:

a. 经查对图纸,发现由于设计结构的原因,这台机组的轴端迷宫密封并不十分安全,有可能脱落、破碎并进入叶轮流道;国内同类型厂也曾多次发生过同类事故。

b. 从工艺参数的变化来看,高压缸三段入口憋压,同时高压缸三、四段流量大幅度下降,说明三段叶轮流道内有异物。

c. 从 X-08407A/B 变化明显大于 X-08408A/B 来看,不平衡量应该在靠近三段入口处,这也正与三段叶轮流道内有异物的推断相符。

⑤ 跳车前高压缸发生喘振同样是由于三段叶轮流道堵塞。对于为什么跳车的直接原因不是高压缸振动大的问题,可做如下解释:虽然跳车前转子已经存在较大的不平衡量,但由于当时的工作转速远小于转子的临界转速,所以振动并不十分大,但也达到了较高水平(含喘振影响);在随后的开车升速过程中,由于不平衡量较大,已无法跨越临界转速。

(5) 诊断结论与处理措施

综合振动分析和对各有关工艺参数的变化趋势分析,可以得出以下分析诊断结论:

CO_2 压缩机高压缸转子突然发生剧烈振动并引起联锁停机的原因是转子突然失衡和高压喘振,极有可能是三段入口轴端迷宫密封脱落、破碎并进入三段首级叶轮流道。建议尽快组织人员和备件,对高压缸进行开缸抢修。

(6) 生产验证

开缸后发现,三段入口轴端迷宫密封固定螺钉松动、退出,造成迷宫密封与转子摩擦,最终导致迷宫密封脱落、破碎并进入三段首级叶轮流道,导致上述故障。更换轴端迷宫密封时工作人员采取了相应措施,以防同类事故再次发生。

检修后再次开车,机组运行情况良好,高压缸振动值仅为 $5 \sim 10~\mu\mathrm{m}$。

3.2 主风机不对中故障诊断

某化工厂是一个建厂多年的老企业,主风机为该厂炉区关键设备,一旦主风机出现故障将会影响全厂负荷,对生产任务的完成造成很大影响。

(1) 设备概况

由于该风机已经不能适应多次扩产改造对风量的要求,于是该厂在 2016 大修期间对该风机进行了整体更新。新设备比原有的旧风机能力提高 20% 以上,外形尺寸反而有所减小。因时间较紧,没有重新预制基础,只是对风机底座进行了加高处理。

风机布局及测点布置如图 3-4 所示。

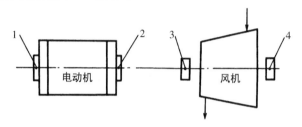

图 3-4　风机测点分布示意图

由于主风机更新是大修的重点项目,各方面对此都比较重视。大修后开车期间,该厂多次对新风机进行振动测试和频谱分析,各测点振动值均在技术要求范围之内。机组运行一周后,测点 3 的径向振幅突然增加 2 倍多,测点 4 的轴向振幅加大,电动机测点振动周期增加。继续运行两周后,主风机测点 3 和电动机测点 2 的振幅又突然增加 1 倍,超过允许值,振动强烈,危及生产。

(2) 测试分析

对开车初期和发生异常振动时主风机测点 3 的信号分别进行处理,如图 3-5 和图 3-6 所示。机组发生异常时,测点 3 的振幅增大 2 倍,且径向振动大。

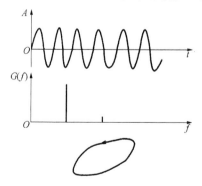

图 3-5　开车初期振动信号

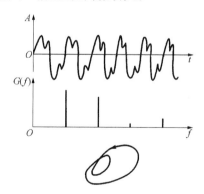

图 3-6　异常时振动信号

从主风机正常和异常时各测点信号的频谱特征及定期巡检记录可知：

① 开车初期主风机运行正常时，频谱中未见 2X 频成分；运行一段时间后主风机振动异常时，频谱中明显可见 2X 频成分。

② 异常振动时测点 3 振动较大，与之相邻的测点 2 振动也同步增大。

③ 测点 2、3 径向振动明显，测点 4 轴向振动明显。

(3) 故障原因分析

从以上故障表现可以明显看出，电动机与主风机之间对中出现了问题，联轴器无法补偿不对中量，造成振动逐步增大。

至于为何开机后不久振动值就迅速增大，原因主要有两方面：

① 新设备轴中心线比原有设备低，按规范应重新预制基础，由于时间紧，实际上并没有如此，只是对底座进行了加高处理。加高部分刚度、强度不足，造成主风机运行一段时间后对中出现变化，这是故障的主要原因。

② 新风机联轴器为靠背轮式联轴器，这种联轴器的不对中补偿能力较差，在电动机与主风机之间对中出现变化后，联轴器不能有效补偿，最终反映为振动增大。

由于电动机轴瓦抑制振动性能较好，所以测点 2 振动值比测点 3 要低。

(4) 诊断结论与处理方法

根据上述分析，得出以下诊断结论：主风机振动是由于不对中引起的，建议短停处理。

(5) 生产验证

在工艺操作人员配合下，将生产装置负荷降低，停下主风机进行抢修，发现轴承没有问题，复查冷态对中数据，与检修交工时相比变化了 0.31 mm，说明振动确实是由不对中引起的。

为防止再发生同样问题，工作人员用大槽钢加固基础、底座，重新找正、对中，开机后设备运行良好，一年内未再出现振动超标现象。

3.3　风机轴承内滚道裂纹故障诊断

某冶炼厂大型除尘风机是关系到环保达标排放的关键设备,一旦出现故障,排放就会超标,轻则被罚款,重则引起不良的社会反应,甚至会导致被迫减产。

(1) 设备简图与测点布置

该除尘风机是双吸式双支承结构的离心式风机,最高转速为 976 r/min,采用水冷式轴承座。

风机简图与测点布置如图 3-7 所示。

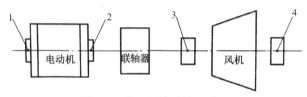

图 3-7　机组测点布置示意图

(2) 异常现象与简易诊断

大修后风机运行约 3 个月左右,测点 2 振动异常,用 VM63 测振仪定期测量其振动烈度,发现烈度由原来的 2.5 mm/s 上升到 12 mm/s,且轴向振动大。用 CMJ-1 冲击脉冲计测量其冲击脉冲烈度 dBm(功率相对于 1 mW 的对数比值)由 19 上升到 38,dBc(功率相对于载波功率的对数比)由 11 上升到 19。简易诊断初步确定:机器处于故障状态,滚动轴承损伤并润滑不良。

(3) 精密诊断分析

① 3632 轴承的故障频率计算

已知轴承内径 $D_1 = 160$ mm;节径 $D_0 = 247$ mm;滚子直径 $d = 47$ mm,单侧滚子数 $Z = 14$。

按滚动轴承故障特征频率计算公式算得:

基频＝976/60＝16.3(Hz)

保持架对外环的频率 $f_{保外} = 6.7$ Hz　　外环故障频率 $f_{外} = 93.8$ Hz

保持架对内环的频率 $f_{保内} = 9.8$ Hz　　内环故障频率 $f_{内} = 137.2$ Hz

滚动体故障频率 $f_{滚} = 84.66$ Hz

② 用常规精密分析方法进行分析

对测点 2 水平方向振动信号进行频谱分析,因滚动轴承信号频带较宽,分别用 10 kHz和 500 Hz 量程分析其幅值谱。幅值谱图如图 3-8 所示,从两幅图中均未发现与轴承故障特征相近的峰值。

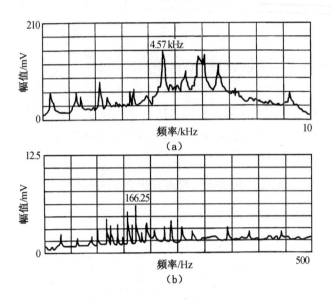

图 3-8　不同量程下的幅值谱图

从幅值谱图 3-8(a)中可以看出,振动能量主要分布在 3.4～5.2 kHz 频带内,在 4.57 kHz 处谱峰值为 135.7 mV,能量很大,这些高频的振动一般认为是由轴承引起的。从时域波形中可看出存在明显的冲击。

从幅值谱图 3-8(b)中可看出,500 Hz 以下时振动能量很小,看不到明显的 16.6 Hz 的基频峰值,可以排除机器存在不平衡故障。

③ 利用共振解调技术进行冲击谱分析

为进一步查找故障原因,可利用共振解调技术进行冲击谱分析,得到的测点 2、测点 3 水平方向的冲击谱图如图 3-9 所示。

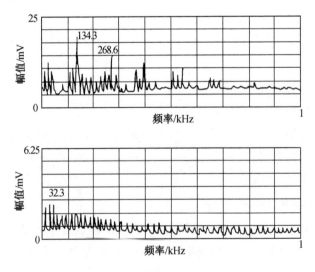

图 3-9　不同量程下的冲击谱图

测点 2 水平方向冲击谱图中存在以转频 16.5 Hz 为间距的峰值群,且以 2、8、16、24、32 倍等转频频率为中心,以转频为间距分布。这种冲击频谱的出现,表明机器存在一种撞击。对于滚动轴承来说这可能是内(外)圈产生裂纹所致,滚动体每经过裂纹处一次就会产生一次强烈的撞击。

测点 3 水平方向冲击谱图中也出现了以转频为间距的梳状频谱,说明轴承 3 同样存在裂纹。

④ 进一步验证

为了进一步验证上述推测,又对测点 2 轴向振动信号进行分析处理,图 3-10 为测点 2 的振动信号的幅值谱图和冲击谱图。

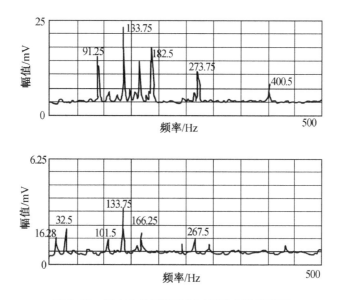

图 3-10 测点 2 的幅值谱(上)及冲击谱(下)图

测点 2 轴向振动信号冲击频谱图中存在以 2 倍和 8 倍转频为主导的冲击振动,用 VM61 测得的振动烈度也是轴向最大(12 mm/s)。

较大的轴向冲击通常是轴承内环裂纹所致。内环出现裂纹时,内环与轴配合松动。在轴旋转时,内环与轴产生相对滑动,特别是当联轴器对中不良时,轴向窜动会更加严重。

(4) 诊断结论与处理办法

根据振动冲击谱、幅值谱分析结果,同时考虑振动烈度、冲击脉冲烈度进行判断,可以得出风机二侧轴承均发生了损坏,轴承的内滚道均存在裂纹的结论。

(5) 生产验证

经解体检查发现,二侧轴承内滚道均已断裂,更换轴承后重新启动风机,振动下降到正常值。由于诊断及时,避免了故障的进一步恶化。

这是一个根据振动、冲击综合测试诊断滚动轴承故障的实例。

3.4 转轴裂纹故障诊断

碳铵泵是大型尿素装置的主要机泵,由于工艺条件苛刻,该泵经常出现问题,虽有备机可以倒换,但该泵的振动问题和因振动导致的机封泄漏问题仍然是困扰生产运行的一个问题。

(1) 设备布局与测点布置

该泵为两级卧式离心泵,两级叶轮背靠背布置,由电动机驱动,设备布局与测点布置如图 3-11 所示。

主要参数:

转速:960 r/min

轴功率:43.2 kW

入口温度:44℃

入口压力:0.414 MPa

出口压力:2.57 MPa

流量:29 m³/h

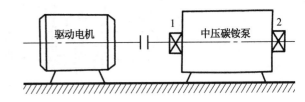

图 3-11 设备布局及测点分布

(2) 异常现象

2021 年 12 月,设备检修后投入运行半年左右,A 泵的振动一直偏高,多次导致机械密封损坏,同时电机电流也已超过额定值,同样工况下电机电流比 B 泵高出 5 A。

(3) 测试分析

① 倒 B 泵运行,将 A 泵电机与泵脱离,对电机进行空转试验,发现其振动值、电流大小均正常,运行平稳,表明碳铵泵的振动过大是由 B 泵引起的。

③ 查看 2021 年 12 月以前该泵的振动数据,可以发现振动值相对稳定且在允许范围内,如表 3-2 所示。

表 3-2 2021 年 12 月以前的振动值范围 单位:mm/s

测点	1(驱动端)			2(自由端)		
方向	垂直	水平	轴向	垂直	水平	轴向
数值	9.1~12.5	8.0~11.8	5.0~6.5	7.6~10.2	6.0~9.2	3.7~4.3

从多次测试与分析结果来看,碳铵泵振动有如下特点:

① 驱动端(测点 1)三个方向的振动值均高于自由端(测点 2)的振动值。

② 对三个方向振动值按大小排序,分别为垂直、水平、轴向。

③ 随着泵振动值的增长,电机电流增大,但泵的进、出口压力稳定,两端轴承温度正

④ 两测点振动信号的主要频率分量均为 70 Hz 和 210（70×3）Hz，而转速频率分量及其倍频率均很小。如图 3-12 所示。

根据泵的振动特点，可排除不平衡、不对中和轴承故障。

计算泵转子的一阶临界转速，可得该转子的一阶临界转速约为 4 500 r/min，即 75 Hz。

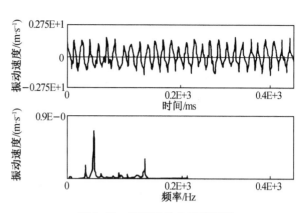

图 3-12　泵振动信号及频谱图

通过上述分析和计算，初步判断转子可能有裂纹，转子与静子之间存在轻度摩擦，因此应密切注意振动值的变化，特别是 70 Hz 分量的变化以及有无新的频率分量出现。

进入 2022 年 1 月，特别是 2022 年 2 月以后，泵的振动值明显增长，振动十分剧烈，已无法维持运行，且主振频率发生显著变化。碳铵泵振动值以及信号和频谱图分别如表 3-3 和图 3-13 所示。

表 3-3　碳铵泵振动值　　　　　　　　　　　　　　　　单位：mm/s

时间	测点方向					
	1（驱动端）			2（自由端）		
	垂直	水平	轴向	垂直	水平	轴向
2022-02-02	22.7	38.3	16.3	10.1	29.5	4.9
2022-02-19	27.8	51.7	15.9	7.1	38.2	8.1

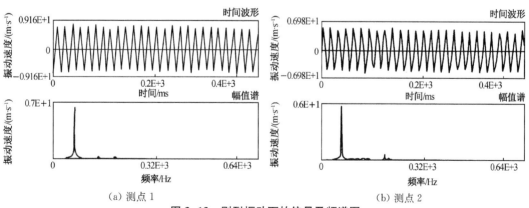

（a）测点 1　　　　　　　　　　　　　　　（b）测点 2

图 3-13　剧烈振动下的信号及频谱图

（4）故障分析与诊断

根据以上测试分析数据，对该泵的振动原因进行如下分析：

① 该转子为刚性转子，主振频率接近转子临界转速，转子上可能有裂纹，并且裂纹靠近驱动端。主振频率逐渐降低是由裂纹扩展导致转子刚度降低，临界转速下降所致。

② 由于转子刚度降低，运行中转子挠度增加，使动静件摩擦加剧。

(5) 诊断结论与对策

根据以上分析，得出如下诊断结论：转子存在裂纹，已处于危险运行状态，建议立即解体检修。

(6) 生产验证

工作人员在对泵进行解体检修时发现转轴上距驱动侧叶轮 55 mm 处的配钻孔处有严重裂纹，其深度接近转轴直径的一半。两叶轮间的轴套、叶轮锁紧套、叶轮口环均有明显的径向摩擦痕迹。

总结

本案例对企业生产实践中转轴组件各类型故障现象及故障诊断过程进行了具体的描述。案例共涉及四种典型的转轴组件故障现象，即转子不平衡、不对中、转子裂纹及主承载轴承元件裂纹。本案例从转轴组件测点选择、故障表现形式、测试分析及诊断决策等方面进行了详细的描述，是体现转轴组件故障诊断方法、诊断流程的典型案例。另外，案例中详细论述了测试实验的时域、频域信号的特征分析方法及信号的变化规律及趋势，而且通过统计分析确定了该典型故障的表现形式，为开展转子组件故障诊断提供了翔实、具体的参考模式。

但要注意以下几个问题：

(1) 测试实验的测点选择与具体设备相关，应用中应该具体问题具体分析，选择的原则请参考相关的技术文献。

(2) 对于不同的故障，时域信号及频域分析结果不能完全表现出该类型故障的准确信息，有效地确定诊断方法，往往要视实际情况而定，须做大量的统计分析工作。

案例使用说明

（1）适用范围

适用对象：机械专业学位研究生或高年级本科生，相关的技术人员等。

适用课程：机械故障诊断学、专业综合实验专题等。

（2）教学目的

通过对企业生产实践中转轴组件各类型故障诊断方法、诊断过程进行介绍，以及对相关参数的计算、分析，使学生拓展所学知识，加深对转轴组件故障现象的分析及识别方法的理解；了解数据采集、处理的基本方法及一般的故障诊断流程；能够运用所学知识及相关软件进行数据处理实验，解决生产实际问题。

（3）教学准备

① 介绍转轴组件的基本概念、转子类型（刚性及柔性转子）及主要故障类型的表现形式，以及相关的诊断监测技术方法等。

② 简要复习滑动轴承（油膜轴承）故障现象相关知识，特别是油膜涡动及油膜振荡的机理及其表现形式。

③ 介绍案例涉及企业的行业背景、主要生产工艺；举例说明故障诊断方法及存在的成本问题，并说明这些问题对企业生产效率及经济利益的影响。

（4）案例分析要点

案例分析涉及的主要知识点包括以下几个方面：

① 转子不平衡、不对中等故障现象及其表现形式。

说明：结合企业生产过程、行业背景等相关知识对这部分内容进行讲解。但重点要讲解不平衡、不对中的区别和相关的检测技术。

② PSD 分析方法及其主要的特征参数提取方法，包括数据的操作、预先处理及主要的PSD 算法（各种算法 MATLAB 程序、优缺点及注意事项）。

③ 相关的前沿技术的介绍及评价。

说明：这部分是案例分析的重点内容，也是主要的技术难点。主要介绍最新的应用成果，如新型传感器及测试系统的应用，智能诊断方法的原理（简要介绍）及其应用，并给出参考文献让学生查阅并总结。

简要介绍目前数据处理技术发展状况及相关的前沿技术，特别要指出目前这些技术在解决生产实际问题时的局限性。

（5）教学组织方式

① 主要内容

转了振动监测的基本方法；数据处理的基本过程及其原理，数据处理原理在机器运行状态监测及故障诊断中的应用。

故障基本的表现形式,运用时域分析(数字特征)及频域分析(PSD分析)方法进行故障诊断的基本流程。

数据预处理方法及其应用;特征的概念及其计算方法。

② **教学资料**

案例教案(讲义),模拟案例的原始数据(含有各种典型故障类型),有明确注释的数据处理程序(MATLAB)及教学案例正文。

③ **课时分配**

教学内容及课时分配如表3-4所示,案例教学的内容主要包括案例背景及相关知识的讲解,重点要进行案例主体部分的展开,主要的教学方式有课堂讲解及讨论,之后进行应用总结。应用总结时应具体阐述上述方法的原理,总结转轴组件各类型故障诊断的方法及其应用。

表3-4 案例教学内容及课时分配

教学内容提要	时间分配	教学方法与手段设计
1. **背景及相关知识** (1) 行业及企业背景介绍 (2) 案例涉及的基本概念及故障诊断方法 (3) 时域及频域分析及相关的特征参数 2. **案例分析** (1) 故障诊断过程及主要特征参数分析(典型故障的特征) (2) 特征描述及企业生产工艺 (3) 应用总结	2 min 4 min 4 min 30 min 10 min 10 min	用提出问题、启发等方法引出转子不平衡、不对中等基本概念,进而引申出故障诊断问题; 回顾机械故障诊断学中的相关概念及方法; 案例讲解和课堂讨论,注意围绕案例主线问题,启发和调动学员学习的积极性,加强与学员的交流与互动

④ **讨论方式**

以小组讨论为主,如果班级人数在20人以下,则不分组,由教师引导学生讨论。讨论时要围绕案例主线开展,讨论内容以时域及频域特征及企业面对的实际问题之间的关系为主。

⑤ **课堂讨论总结**

由教师引导学生做出总结,具体阐述故障诊断、数据获取方法及特征参数分析计算的原理和方法;再讨论生产实际中如何应用相关技术及应用的具体效果。

练 习 题

(1) 转轴组件中的转子的振动监测方法有哪些?

(2) 转子不平衡、轴系不对中故障现象的原因、特点及判别方法分别是什么?

(3) 滑动轴承的油膜涡动与油膜振荡的机理是什么?其特点有哪些?轻载、重载转子涡动与振荡的表现有何不同?

（4）如图 3-14 所示,利用电涡流位移传感器测量某转子径向振动(位移),利用键相位传感器监测转子旋转的相位角,所获得的信号如图 3-15 所示。

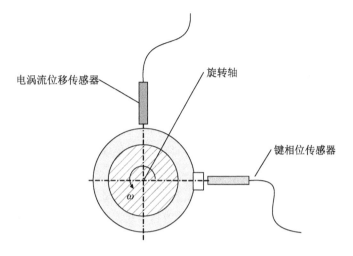

图 3-14　转速测量原理示意图

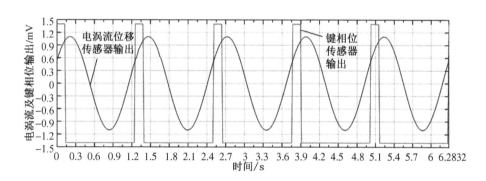

图 3-15　相位信号示意图

假设转子旋转方向如图 3-14 所示,试分析:

① 一般选择何种类型的传感器作为键相位传感器?

② 分析并估计转子横向强迫振动相对转子上安装的平键的相位角及转子的转速（r/min）。

③ 根据相位角能够获得哪些信息,为什么?

4 机器运行状态的在线监测及故障诊断

摘要：为加深对机械图像时域分析及频域分析基本方法及其应用的理解，本案例详细地叙述了应用在线监测设备开展的三个典型生产实际应用故障诊断案例，同时还列举了光纤位移传感器及其在滚动轴承运行状态监测中的应用。案例中介绍了CO_2压缩机高压缸机械密封损坏的故障诊断过程、炼油厂气压机异物堵塞流道故障诊断、汽轮发电机组转子热弯曲故障诊断，以及光纤位移传感器及其在机器运行状态监测中的应用。

关键词：压缩机械；在线监测；信号处理

背景信息

随着各行各业对设备状态监测工作的重视，大型设备安装在线状态监测系统逐渐普及。在线系统数据全面，功能强大，因此其不仅能在最短的时间内对故障做出诊断，而且故障诊断的准确率也比较高。

本章结合具体方法列举了生产实际中的在线故障诊断案例。该教学案例的主体部分包括利用在线监测设备开展故障诊断的原理及主要实现方法。

案例正文

4.1　高压缸机械密封损坏故障诊断

（1）设备概况

某大型化肥装置 CO_2 压缩机组高压缸型号为 2BCL306/A，缸体为筒形，具有两段六级叶轮，自由端为三段缸，驱动端为四段缸。高压缸正常工作转速约为 12 300 r/min，其径向瓦为五油楔可倾瓦，止推瓦为金斯伯雷型瓦，轴端密封采用迷宫密封加气体机械密封。轴封采用机械密封使轴端工艺气体泄漏量很小，提高了效率。机组轴振动和位移测量系统采用本特利 7200 系列仪表，轴振动报警值为 75 μm，机组高压缸工艺管线及振动测点布置如图 4-1 所示。

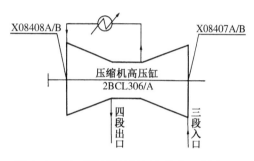

图 4-1　CO_2 压缩机组及测点分布示意图

（2）异常现象

自 2015 年投入运行以来，CO_2 压缩机组运转比较平衡，正常时高压缸各振动测点轴振动值均小于 30 μm。

2020 年 7 月 16 日，MMDS-9000 在线监测与故障诊断系统显示高压缸自由端轴振动忽然发生大幅度波动，振动值时大时小，振动幅值最高达 108 μm，远高于报警值，为正常值的 5 倍多，最低为 11 μm，小于正常运行时的振动值。同时，驱动端轴振动也略有波动，波动范围约 15 μm。经观察，振动波动的时间间隔、大小均无规律。但 DCS 及 MMDS-9000 系统显示 CO_2 压缩机组转速、轴承温度、轴位移、压缩机进出口工艺气体压力、流量以及温度等工艺参数均比较稳定。

现场检查也发现高压缸机壳振动不稳定，振动值时大时小，证明压缩机高压缸确实发生了机械故障。现场巡检还发现自由端轴承回油中夹带有大量气泡。

（3）故障原因分析

利用 MMDS-9000 系统对高压缸振动值波动时的振动信号进行时域、频域分析，发现无论振动值是高还是低，振动信号的波形、幅值谱、轴心迹等都具有相同的特征，以振动值最大时的 X08407A/B 测点振动信号为例，其时域、频域及轴心迹图如图 4-2 所示。

经分析高压缸振动具有下列特征：

① 振动波形近似为正弦波。

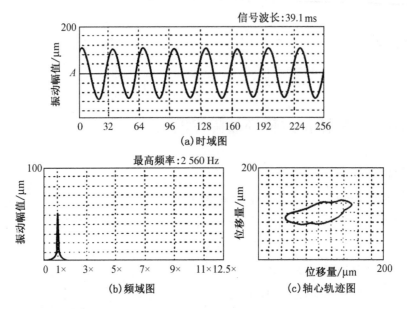

图 4-2　振动信号的时域、频域及轴心轨迹图

②　振动幅值谱中以工频分量(频率 204.85 Hz)为主,其他频率成分幅值很小。

③　转子轴心轨迹为椭圆,进动方向为正进动。

④　随着振动值的波动,工频振动的相位角也在无规律地变化。振动值稳定时,工频振动的相位角也稳定,但每一次振动值波动后,工频振动的相位角较波动前都会有所改变。相位角变化如图 4-3 所示。

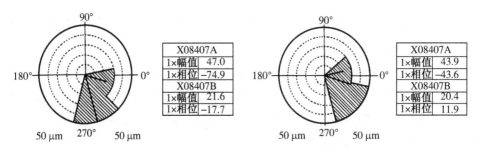

图 4-3　振动信号的相位角变化图

根据以上振动特征和自由端轴承处轴振动大的故障特点,可作出如下分析:

①　振动特征符合转子不平衡的故障特点,表明压缩机转子的异常振动是由转子不平衡引起的。振动值的波动是由转子上平衡量变化引起的。

利用 MMDS-9000 系统的故障诊断功能,对报警时的振动信号进行诊断,诊断结论也为转子不平衡。

②　工频振动的相位角不断改变,表明转子上的不平衡相位是不稳定的,不平衡量变化

的同时,其相位也在无规律变化。

③ 振动值波动主要发生在自由端,表明转子上变化的不平衡量产生的位置靠近自由端,驱动端振动波动是受自由端振动影响所致。

由压缩机实际结构情况可知,导致转子上自由端不平衡量的大小和方位不断变化的因素有两个:一是高压缸三段入口不断有异物被吸入,并卡在三段叶轮内;二是转子自由端组件不同周向位置处不断有碎块脱落。

第一个因素可以排除,因为高压缸叶轮流道较窄,流通面积相对较小,若三段叶轮内有异物吸入,则必然要堵塞部分流道,使三段入口憋压及三、四段工艺气体流量降低,但实际上各工艺参数均未发生变化。那么这一现象很可能是第二个因素导致的,转子上自由端部位有三段叶轮、止推盘、轴套、机械密封等组件,经逐项排除,焦点集中在机械密封组件上,结合现场实际情况和对该机组多年的运行与检修经验,可初步判断三段机械密封动环破碎,逐块脱落。

机械密封动环破碎脱落过程中,碎块脱落引起的不平衡量同转子的原始不平衡量相叠加形成新的不平衡量。动环脱落碎块的大小及方位的随机性也会使新的不平衡量的大小及方位发生改变,从而引起轴振动值与工频振动相位变化。

④ 三段机械密封动环破碎必然使轴端密封失效,大量气体漏入轴承箱内,部分混入润滑油里,因而造成高压缸自由端轴承润滑油回油中夹带气泡。

(4) 诊断结论与处理方法

根据以上分析,最后诊断结论为三段机械密封动环破碎,应尽快停机检修。

(5) 生产验证

准备好机械密封备件后,于当天 21 点停车抢修,卸下三段机械密封组件后,检查发现动环已破碎,绝大部分已从动环固定架上脱落,同诊断结论相吻合。更换三段机械密封组件后,设备运行正常,高压缸自由端振动值小于 $15~\mu m$。

4.2 异物堵塞流道故障的诊断

炼油厂中气压机是关键设备,机组的运行工况直接关系到装置的效率和产品的产量,一般该设备都会被列为重点监测对象,并实施在线监测。

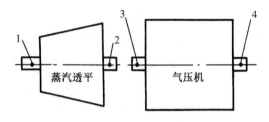

图 4-4 气压机测点分布图

(1) 机组布局与测点布置

气压机测点布置情况如图 4-4 所示。

(2) 异常现象

2016 年 6 月,气压机经检修后重新开机,开工初期振动状况良好,最大振动值为 46 μm。

同年 7 月 11 日,该机组压缩机内侧振动值突然增大至 80 μm,此后,该测点振动值持续缓慢上升。运行至 8 月 7 日时,振动值已达 110 μm(如图 4-6 所示),远远超过报警限,其余各测点的振动值也有不同程度的升高。

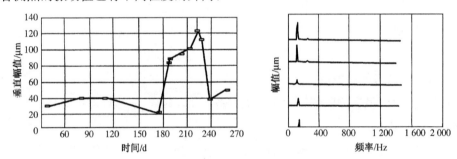

图 4-5 压缩机内侧振动峰值及频谱图变化

(3) 原因分析

本案例利用在线监测系统调出压缩机内侧测点近期振动频谱趋势,并对该测点最新的振动数据进行频谐分析[图 4-6(a)]和轴心轨迹对比分析[图 4-6(b)]。

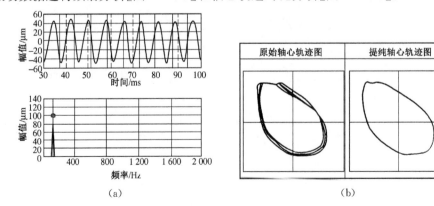

(a)   (b)

图 4-6 压缩机振动信号频谱分析图及轴心轨迹图

综合分析以上数据,可知机组振动具有如下特征:

① 振动时域波形为较规则的正弦波,主要成分为 1X 频,压缩机内侧工频成分占通频的 98%。

② 轴心轨迹为稳定的椭圆。

③ 压缩机振动值增长存在一个突变过程,且振动值上升主要表现为工频幅值的上升。初步判定振动是突然不平衡导致的,为进一步进行验证,本案例又对机组转速进行了调整,观察振动值随转速的变化情况,如表 4-1 所示。

表 4-1　机组振动值随转速的变化情况

转速/(r·min⁻¹)	不同频率下振幅/μm							
	1X	1Y	2X	2Y	3X	3Y	4X	4Y
7 717	14	12	27	13	100	103	21	34
8 222	25	22	45	20	123	>125	30	40

由表 4-1 可以看出,机组振动值随转速升高而明显增加,随转速降低而明显降低。

根据以上数据,分析认为机组强振主要是由突发性的转子不平衡引起的。

(4) 诊断结论与处理办法

以上分析认为,引起机组振动是由突发不平衡引起的,且振动值已严重超标,机组不宜继续运行,建议停机检查,并重点检查转子(特别是叶轮)上是否有异物附着或脱落而造成转子不平衡。

(5) 生产验证

解体检查发现,压缩机的第一级叶轮流道内卡有一团过滤网,重约 20 g,严重影响了转子的平衡状态,导致振动严重超标。处理后重新开机,机组振动值恢复正常。

4.3 转子热弯曲故障诊断

某公司有一台 200 MW 汽轮发电机组,型式为超高压、中间再热单抽冷凝式。该发电机组于 2012 年 11 月投产,2014 年首次大修,至 2018 年 4 月,运行的近 6 年时间中,该机高压转子振动一直保持在较好的范围,轴承振动小于 100 μm,轴振动小于 10 μm。

(1) 异常现象

2018 年在一次热态启动时,2#、3# 轴振测点处振动和 1#、2# 轴承振动虽然仍处于良好水平,但其振动有明显增大趋势,经连续观察运行近一个月也未能恢复至以前运行时的振动水平。为此,要求利用在线监测系统调出该机历史振动数据、停机前后振动数据及运行参数对其进行分析。

(2) 数据分析

振动趋势:

长期运行中,该机 1#、2# 轴振值分别小于 2 μm 和 10 μm,2# 轴振动值为 80~90 μm。为便于比较,选取停机前趋势曲线和热态启动后振动趋势曲线(图 4-7)进行分析。趋势记录曲线表明长期运行期间高压转子的轴及轴承振动均处于优秀范围,热态启动后高压转子轴承及轴承振动仍然在优良范围内。

停机前后数据:

停机前主要参数及振动数据如下。

① 停机前各轴承振动数据如表 4-2 所示,各轴承振动均在良好范围内。

② 热态启动后的振动数据表明:自再次启动并网后,机组高压转子轴和轴承振动均未能恢复到历史振动水平,如表 4-3 所示。尽管 1#、2# 轴承振动均小于 20 μm,仍处于"优秀"振动标准范围内,但与历史数据相比均有所增大,尤其是 2# 轴承振动增大显著。从频率成分来看,主要是一倍频成分增加,其余频率的振动成分基本未变化。

(3) 分析诊断

综合分析表 4-2、表 4-3 数据图 4-7 及启动前后运行参数,可得出下列结论:

表 4-2 停机前振动参数(参数:振幅/相位) 单位:$\mu m/(°)$

轴承编号		1#	2#	3#	4#	5#	6#	7#	8#
轴振通频	垂直	—	82	52	131	89	—	—	149
	水平	—	—	58	86	126			70
轴振工频	垂直	—	68/143	45/85	88/312	88/187			131/176
	水平	—	—	52/215	50/91	125/110			60/125
轴承通频振动		2		14	30	50	9	9	28
轴承工频振动		—	—	16/28	33/50	54/190	11/255	9/129	28/269

表 4-3 热态启动并网运行后振动数据(参数: 振幅/相位) 单位: μm/(°)

轴承编号		1#	2#	3#	4#	5#	6#	7#	8#
轴振通频	垂直	—	140	55	132	90	—	—	135
	水平	—	—	60	110	132	—	—	67
轴振工频	垂直	—	120/166	43/95	82/312	82/198	—	—	140/180
	水平	—	—	47/220	45/90	120/122	—	—	70/120
轴承通频振动		8	17	10	26	46	15	14	20
轴承工频振动		7/254	16/227	13/17	28/352	49/190	10/255	9/137	23/269

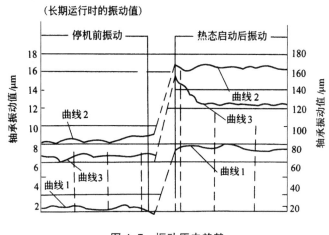

图 4-7 振动历史趋势

曲线 1—停机前 1# 轴承振动<1 μm,热态启动后为 6 μm。
曲线 2—停机前 2# 轴承振动<6 μm,热态启动后为 16～18 μm。
曲线 3—停机前 2# 轴承振动<80 μm,热态启动后为 120～144 μm。

① 探头所在位置转子跳动值从 30 μm 增加至 120 μm,增大至启动前的 4 倍,说明高压转子挠曲程度加剧。

② 从振动频率以及振动值随转速变化的情况来看,症状和转子失衡极为相似。但停机前运行一直很正常,只是机组停车后再次启动时振动异常,且在并网后一直维持较大振动值,缺乏造成转子失衡的理由或转子零部件飞脱的因素,故可排除转子失衡的可能。

③ 综合启动及并网运行后一段时间的振动情况来看,可知机组热启动后存在较大的热弯曲,查开车记录可知,停车间隔 1.5 h 后再次启动,可能造成盘车时间不足,使转子永久性弯曲。

④ 1# 和 2# 轴振相位角一直保持稳定,且基本相近;2# 轴振相位角较历史数据变化了近 20°。相位的稳定性表明弯曲的方向基本不变。

转子故障的历史记录表明,该机组曾发生过高压末三级围带铆接不良造成的围带脱落故障,并且末三级围带铆接点较薄弱,具有脱落的隐患。因此,在转子可能存在热弯曲的情况下进行启动,同时又发生了临界振动过大及转子挠度增大的异常情况,不能排除围带再次受到损伤的可能性。围带损伤容易造成脱落,运行中可能进一步发生动静碰磨而使转子严重损伤。

（4）诊断结论及对策

综上所述,尽管该机组高压转子振动仍在良好范围以内,但各种参数的综合分析均表明高压转子已经发生了转子弯曲故障。而无论是转子弯曲引起机组通过临界转速时振动过大还是存在围带损伤等事故隐患,均会对该机组安全运行构成极大的威胁。因此,可给出以下分析诊断结论：该机组应提前大修,立即解体查明故障并予以消除。

（5）生产验证

该机组提前转入大修,经揭缸解体检查证实,高压转子前气封、中压转子等多处均有不同程度的摩擦损伤。其中,中压19级近半圈围带前缘已磨坏。为此,对高压转子采取校轴处理,对中压转子采取低速动平衡处理,同时对损伤的围带进行了相应的处理。经大修处理后,高压转子振动重新恢复到优秀标准以内。

4.4 光纤位移传感器及其在机器运行状态监测中的应用

4.4.1 光纤位移传感器原理

前面所讨论的一些振动监测方法,都是在机器的外壳表面提取信号。本节所讨论的光纤监测技术,则直接从轴承套圈的表面提取信号,其基本原理如图4-8(a)所示。用光导纤维束制成的位移传感器中包含发送光纤束和接收光纤束;光线由发送光纤束经过传感器端面与轴承套圈表面的间隙反射回来,再由接收光纤束接收,经过光电元件转换为电压输出。间隙量 d 改变时,导光锥照射在轴承表面的面积也随之改变。传感器输出电压-间隙量特性曲线如图4-8(b)所示。

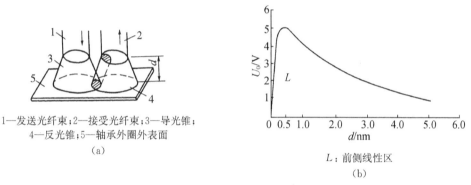

1—发送光纤束;2—接受光纤束;3—导光锥;
4—反光锥;5—轴承外圈外表面
(a)

L:前侧线性区
(b)

图 4-8 光纤位移传感器原理

在图4-8(b)中,特性曲线开始有一段为线性区,这是由于导光锥照射在轴承表面的面积越来越大,接收光纤束所接收的照度不断增大,直到达到峰值。此后,当间隙量进一步增大时,接收光纤所接收的照度与间隙量的平方成反比,其输出电压逐渐下降。光导纤维位移传感器具有灵敏度高(可达 $50 \text{ mV}/\mu\text{m}$)、外形细长、便于安装的优点。图4-9所示是这种光纤传感器在轴承振动监测中的安装实例。

图4-10是发送光纤束和接收光纤束在传感器横截面中的分布图,图(a)为随机分布,图(b)为单排相间分布,图(c)为同心圆分布。整个传感器由 $700\sim1\ 000$ 根直径为 $50\ \mu\text{m}$ 的光导纤维组成,分为发送光束和接收光束。在三种分布方式中,同心圆分布最为常用,等间隔分布最为灵敏,但制造起来最困难。

采用这种光纤传感器可以减小或消除前述振动传递通道的影响,从而提高信噪比;可以直接反映滚动轴承的制造质量,轴承工作表面磨损的程度,轴承的载荷、润滑和间隙的情况以及进行现场动平衡实验。振动监测采用的指标包括均方根幅值、峰值均方根幅值比、轴承速率比。

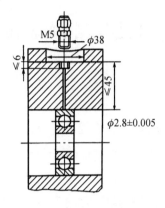

图 4-9　光纤传感器安装图

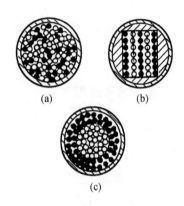

图 4-10　光纤位移传感器光纤分布图

4.4.2　滚动轴承运行状态的监测

如图 4-9 所示,将光纤位移传感器探头端面调整至距离被测表面(滚动轴承外圈外表面),在一定的距离,即置于传感器的线性区域范围内。轴承正常运行时,理想的信号输出如图 4-11 所示。

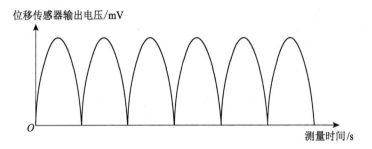

图 4-11　正常状态下位移传感器输出信号

轴承滚动体(保持架)随转子(内圈)绕轴承回转中心公转,当某滚动体恰好位于传感器探头正中位置时,外圈测点位置有最大弹性变形量,传感器探头距离外圈最小,信号输出值达到最小。当滚动体(与外滚道接触点)逐渐远离探头位置时,探头位置处外圈的弹性变形量逐渐减小,信号逐渐增加,至下一个滚动体逐步接近测点时,则信号重复一个周期。

滚动轴承有两个特点:一是无冲击信号,二是信号重复变化的周期为滚动体通过测点的周期。

轴承元件发生异常时,就会产生冲击脉冲振动,且其将叠加在上述信号上。

冲击脉冲周期为基阶故障特征频率的倒数,冲击脉冲宽度在微秒数量级,它将激起系统或结构的高频响应(固有振动),响应水平取决于系统或结构的固有频率及阻尼的大小。

通常滚动轴承都有径向间隙,且载荷为单边载荷,点蚀部分与滚动体发生冲击接触的位置不同(内圈和滚动体均滚动),其载荷受力就不同,信号振幅就会发生周期性的变化,即发生振幅调制。

(1) 轴承外滚道缺陷

如图 4-12(a)所示,当轴承外滚道产生损伤(如剥落、裂纹、点蚀等)时,滚动体通过时会产生冲击振动。由于点蚀的位置与载荷方向的相对位置关系是固定的(外圈固定),所以这时不存在振幅调制的情况,冲击振动频率为 nZf_o($n=1, 2, \cdots$,Z 表示轴承滚动体个数,f_o 表示 Z 个滚动体通过外滚道上一点的频率),传感器输出信号时域波形如图 4-12(b)所示。

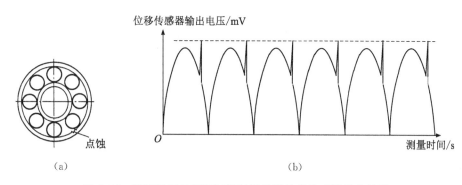

(a)   (b)

图 4-12 滚动轴承外圈(外滚道)缺陷及位移传感器输出信号

(2) 轴承内滚道缺陷

轴承内滚道有缺陷时,会产生 nZf_i($n=1, 2, \cdots$,f_i 表示 Z 个滚动体通过内滚道上一点的频率)的冲击振动,如图 4-13(a)所示。若以轴旋转频率 f_s 进行振幅调制,这时的振动频率为 $nZf_i \pm f_s$($n=1, 2, \cdots$);若以滚动体的公转频率 f_m(即保持架旋转频率)进行振幅调制,这时的冲击振动频率为 $nZf_i \pm f_m$($n=1, 2, \cdots$),传感器输出信号波形如图 4-13(b)所示。

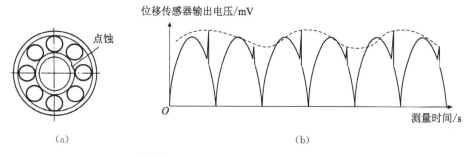

(a)   (b)

图 4-13 滚动轴承内圈(内滚道)缺陷及位移传感器输出信号

(3) 滚动体缺陷

如图 4-14(a)所示,当滚动体产生损伤时,如剥落、点蚀等,缺陷部位通过内圈或外圈滚道表面时会产生冲击振动。在滚动轴承无径向间隙时,会产生频率为 nZf_b($n = 1, 2, \cdots$,f_b 表示滚动体某一点通过内滚道的频率)的冲击振动。通常滚动轴承都有径向间隙,因此,同内圈存在点蚀时的情况一样,点蚀部位与内圈或外圈发生冲击接触的位置不同时,也会发生振幅调制的情况,不过此时是以滚动体的公转频率 f_m 进行振幅调制。这时的振动频率为 $nZf_b \pm f_m$,输出信号如图 4-14(b)所示。

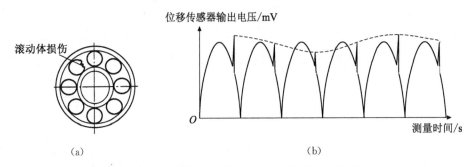

（a）　　　　　　　　　　　　（b）

图 4-14　滚动体表面有缺陷时位移传感器输出信号

(4) 轴承偏心

当滚动轴承的内圈出现严重磨损等情况时,轴承会出现偏心现象,当轴旋转时,轴心(内圈中心)便会绕外圈中心摆动,如图 4-15(a)所示,此时的振动频率为 nf_s($n = 1, 2, \cdots$)。 两个轴承不对中、轴承装配不良等都会引起低频振动。

滚动轴承靠滚道与滚动体的弹性接触来承受载荷,因此具有"弹簧"的性质(刚性很大)。当润滑状态不良时,就会出现非线性弹簧性质的振动。轴向非线性振动频率为轴的旋转频率 f_s,分数谐波($1/2f_s$, $1/3f_s$, $\cdots$)及高次谐波($2f_s$, $3f_s$, $\cdots$)的非线性伴生振动输出信号如图 4-15(b)所示。回转轴每转一周,在不平衡力的作用下,图 4-11 所示信号振幅就会被调制,并有规律地重复变化一次。

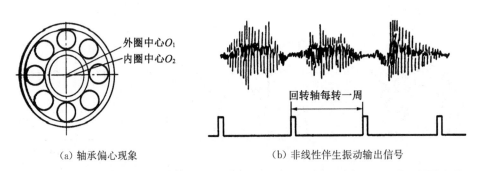

（a）轴承偏心现象　　　　　　　　（b）非线性伴生振动输出信号

图 4-15　轴承偏心现象以及外圈中心与内圈中心不重合或转子不平衡时位移传感器输出信号

4.4.3　均方根幅值监测及应用

轴承由于其零件的制造缺陷,如因表面粗糙度、波纹度和圆度误差而形成不规则的轮廓,其运行时就会产生振动。这一振动由光纤传感器接收后,即可得图 4-16 所示的 RMS (均方根)脉动波形。图 4-16(a)为一个接近理想的高精度电动机轴承对应的波形,其套圈的弹性变形接近简谐波形,其波数等于通过测点的钢球数目;图 4-16(b)为精度级最低的轴承对应的复杂波形,精度级低的轴承不但表面粗糙度大,几何形状误差大,而且钢球直径也有明显的不同。因此用光纤传感器可以直接在所使用的机器上检测轴承的质量,这是一种简单有效的实验方法。

对于经过一段时间运行的滚动轴承,其工作表面会由于磨损而变得粗糙。虽然此时轴承表面粗糙状况也可用上述均方根幅值指标来反映,但当轴承零件上有局部的剥落、凹坑等缺陷时,均方根幅值就无法反映出来,而峰值均方根幅值比 PK/RMS 可以反映出来。一般来说,当 PK/RMS>1.5 时,则可以认为轴承零件上有局部缺陷。

轴承速率比(BSR)的定义为钢球通过频率与轴的回转频率之比。BSR 值取决于轴承的载荷和间隙的大小以及轴承的润滑状况,图 4-17 所示为 BSR 值与轴向载荷(F_N)的关系。图中的阴影部分对应轴承正常工作时的 BSR 值。

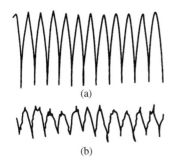

图 4-16 均方根幅值的变化反映轴承制造质量的不同

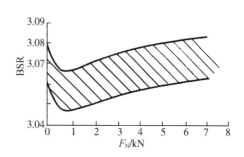

图 4-17 滚动轴承的 BSR 值

因此,BSR 值是一个十分有用的指标。当 BSR 值偏高时,则可能表明载荷过高、润滑不良或者轴承间隙过大;当 BSR 值偏低时,则可能表明载荷不足、润滑过多(例如润滑油脂涂敷过多)或者轴承间隙过小。因此,BSR 值可以说是机器中轴承运行性能的直接指标。由于载荷是由钢球与滚道传递的,因此当钢球通过滚道上的监测点时,滚道将以钢球的接触点为中心产生弹性变形区。光纤传感器可以直接测量这一变形,从而确定钢球的通过频率。轴的回转频率则需另外安装一个位移传感器加以确定。

总结

本章主要介绍了企业生产实际中机组运行状态在线监测及故障诊断的三个典型案例以及光纤位移传感器及其在机器运行状态监测中的应用。三个案例分别应用工频振动信号的相位角变化、转轴组件轴向轨迹变化、振动信号幅值随转速的变化以及机组振动信号幅值在停机前后的变化规律和历史变化趋势,进行了高压缸机械密封损坏、异物堵塞流道及转子热弯曲等故障的监测和诊断。案例所列数据、表格能够有效地描述机组工况的变化趋势及故障发生、发展的基本特征,为开展机组运行状态监测提供了有效的信息。另外,本章还通过光纤位移传感器的原理及其在滚动轴承运行状态在线监测的案例,详细分析、描述了在线监测的基本原理和应用的主要技术方法,不仅描述了滚动轴承存在缺陷(故障)时输出信号的变化规律,而且通过峰值均方根幅值比的趋势分析确定了滚动轴承的运行状态。

需注意以下几个问题:

(1) 在线监测技术的应用建立在长期准确、有效的测试以及大量数据积累的基础上。对于如何选择合适的监测对象,如工频振动信号的幅值、轴向轨迹、相位角等,需要进行详尽的分析、研究。

(2) 光纤位移传感器是一种非接触式、Y 型结构的新型传感器,光纤分布方式决定了传感器的量程及灵敏度。另外,光纤位移传感器的应用有一定的限制,如在线测试实验中,要在测试点打孔,并预留逸光槽。

案例使用说明

(1) 适用范围

适用对象：机械专业学位研究生或高年级本科生,相关的技术人员等。

适用课程：机械故障诊断学、专业综合实验专题等。

(2) 教学目的

通过机组工频振动信号的数字特征分析与相关参数的计算、分析,使学生拓展所学知识,加深对机器运行状态监测技术方法的理解;了解信号检测、处理的基本方法,掌握主要症状数据分析的基本方法;能够运用所学知识进行数据分析、解读,并解决生产实际问题。通过实际的特征数据的分析、讨论,培养学生工程实践能力及细心、严谨的工作作风。

(3) 教学准备

① 工频信号的基本概念及其主要特征参数的获取方法简介,数据处理的相关技术方法等。

② 简要介绍机器运行原理及主要的生产工艺。

③ 案例涉及企业的行业背景,生产过程及维修方式;举例说明传统监测手段、检测方法及存在的问题,特别是这些问题对企业生产效率及经济利益的影响。

(4) 案例分析要点

案例分析涉及的主要知识点包括以下几个方面:

① 机器运行状态监测的主要技术方法;症状趋势分析的基本原理及主要特征表示方法。

说明:结合企业生产过程、行业背景等相关知识对这部分内容进行讲解,重点要讲解轴心轨迹、信号相位角的检测方法及其与机器运行状态之间的关系。

② 主要症状参数与机组转子故障类型之间的基本关系及获取方法,包括数据的操作、预先处理及主要的特征提取算法。

③ 相关的前沿技术的介绍及评价。

说明:这部分是案例分析的重点内容,也是主要的技术难点。学生根据指导教师给出的参考文献,总结相关的技术方法的应用及具体的分析结果,教师再根据研究生提交的分析报告及存在的问题进行讲解。

简要介绍目前技术发展状况及相关的前沿技术,特别要指出这些技术目前在解决生产实际问题时的局限性。

(5) 教学组织方式

① **主要内容**

工频振动信号的基本处理方法;数据处理的基本过程及其原理,数据处理在机器运行状态监测及故障诊断中的应用;主要症状参数的概念及其检测方法。

② **教学资料**

案例教案(讲义),原始数据、图表(与四个案例相关的),有明确注释的分析过程及教学案例正文。

③ **课时分配**

教学内容与课时分配如表4-3所示,案例教学的内容主要包括案例背景及相关知识的讲解,重点要进行案例主体部分的展开,主要的教学方式有课堂讲解及讨论,之后进行应用总结。应用总结时应具体阐述利用上述方法进行机器运行状态监测时应用的主要统计参数(特征)及其应用。

④ **讨论方式**

以小组讨论为主,如果班级人数在20人以下,则不分组,由教师引导学生讨论。讨论时要围绕案例主线开展,讨论内容以机器症状特征检测技术及企业面对的实际问题之间的关系为主。

由教师引导学生做出总结,具体阐述原理和方法;再讨论生产实际中如何应用相关技术及应用的具体效果。

表4-3 案例教学内容及课时分配

教学内容提要	时间分配	教学方法与手段设计
1. 背景及相关知识 (1) 行业及企业背景介绍 (2) 案例涉及的基本概念及数据处理方法 **2. 案例分析** (1) 数据处理及症状参数的检测方法 (2) 应用总结	4 min 4 min 30 min 10 min	通过提出问题、启发等方法引出轴向轨迹、信号相位角等概念; 回顾机械故障诊断学中的相关概念及方法; 案例讲解和课堂讨论,注意围绕案例主线问题

■ **练 习 题** ■

(1) 画图并说明光纤位移传感器的基本工作原理及其在滚动轴承运行状态监测中的应用方法。特别要说明(画出波形示意图)内滚道有疵点(如疲劳剥落点)时输出波形的特征,以及转子(与轴承内圈过度配合)出现明显不平衡时输出波形的特征。

(2) 某滚动轴承型号为6205-2RS JEM SKF(深沟球轴承,接触角为0),其参数如表4-4所示,假设该轴承内圈转速为1 200 r/min。

表 4-4 滚动轴承参数表

内径 r_1/mm	外径 r_2/mm	厚度 h/mm	滚动体直径 d/mm	节距（径）D/mm
0.984 3	2.047 2	0.590 6	7.940 039 9	39.039 799 9

试列式计算：

① 内圈（即轴）的旋转频率 f_s；

② 滚动体某一固定点与内、外圈接触的频率 f_r；

③ 滚动体与内圈上某一固定点接触的频率 f_i。

（3）利用电涡流位移传感器监测转子轴心轨迹，请画出检测方案图，并说明该技术方法的基本原理。

（4）请解释（图示并说明）液体动压滑动轴承油膜涡动至油膜震荡的基本过程及其原因。

5 基于多层感知器的滚动轴承故障诊断

摘要：为加深学生对基于多层感知器(MLP)的机械图像智能化处理方法及其在机械故障诊断中应用的理解，本章详细叙述了三个典型的应用案例，包括 MLP 与其他分类器在滚动轴承故障诊断应用中的比较分析、基于鲸鱼算法优化 MLP 的滚动轴承振动数据分类实验及基于变分模态分解的 MLP 模型在滚动轴承运行状态监测中的应用。案例中详细介绍了各类优化处理算法及滚动轴承故障(缺陷)类型及程度的分类实验研究结果。

关键词：多层感知器；滚动轴承；优化算法

背景信息

滚动轴承作为机械的关键零部件之一，是现代工业设备中的关键部件，一旦它出现故障问题，就会对机械本身造成极大的损坏。因此，对滚动轴承故障的诊断研究是十分必要的。

目前，国内外的一些学者成功地运用神经网络的方法对滚动轴承进行了大量的研究。如利用人工神经网络(Artificial Neural Networks, ANN)进行研究，以滚动轴承振动信号小波分解后的能量信息作为特征，将 BP 神经网络作为分类器对滚动轴承故障进行识别、诊断；应用蚁群算法进行 BP 网络的权值优化，并利用优化好的 BP 网络进行故障诊断，以提高滚动轴承故障诊断的准确性。

上述方法具有良好的鲁棒性和优越的特性，在轴承故障诊断分类中应用较为广泛。但是传统的诊断算法均有着不同的缺点，如轴承故障信号的特征提取在较大程度上依赖专家知识和人工操作等，增加了轴承的诊断方面的难度。随着故障诊断技术的不断发展，深度学习在该方面的应用越来越广。例如，基于粒子群优化(PSO)算法的自适应卷积神经网络(CNN)故障诊断方法，可将一维时域信号变成二维时频图像，对模型中的关键参数进行优化选取，构建深度学习模型，将二维时频图像输入优化后的深度学习模型，以实现故障诊断。

案例正文

5.1　特征层信息融合框架及其在滚动轴承故障诊断中的应用

信息融合是一个处理探测、互联、相关、估计以及组合多源信息和数据的多层次、多方面过程,目的是获得准确的状态和身份估计,进行完整而及时的战场态势和威胁估计。信息融合技术在维修系统中有广泛的应用,如可应用于维修过程中的监控、协调和优化、辅助决策支持、态势分析、任务评定,以及性能、技术状态的评估等。从本质上讲,故障诊断是利用诊断对象的各种运行状态和知识,进行信息的综合评价。目前,信息融合的主要研究工作集中于信息融合算法的应用研究方面,即通过信息融合算法来解决故障诊断中的一些特殊问题。例如,南京航空航天大学的"航空发动机磨损故障的智能融合诊断系统",NASA格伦研究中心的"发动机诊断与状况管理信息融合系统"(Information Fusion System for Engine Diagnostics and Health Management),这些系统应用神经网络、模式识别、统计参数估计以及模糊逻辑等实现发动机典型故障的诊断(diagnosis)与预后诊断(prognosis)。

信息融合技术在故障诊断领域仍然处于初级阶段。例如,马林立等提出了一种基于信息融合技术的故障诊断框架,优化选择状态信号和状态参数,对测量的状态参数和状态信号进行处理并提取特征,得到反映诊断对象的特征参数和状态信息,分三级进行信息融合综合诊断。但其模型中没有考虑信息间的联系及信息组合所蕴含的特征。王敏、王万俊等提出了基于多传感器数据融合的故障诊断系统框架,融合多种诊断方法得到了比单一方法更精确的诊断结果,但当其中某一诊断方法的诊断结果比较准确时,该方法就失去了意义。

装备使用和维修过程中往往涉及大量与装备有关的信息,为有效处理和合理利用这些信息资源,提高装备故障诊断的确诊率,增强诊断系统的通用性,本案例在装备维修信息融合系统的基础上论述了基于信息融合故障诊断的几个关键问题,提出了一个以故障诊断为目的的特征层信息融合框架,并进行了相应的实验研究。

5.1.1　故障信息的特征层融合框架

装备维修信息融合系统在结构上分为三个级别,即像素级、特征级和决策级,如图 5-1 所示。像素级直接对采集到的原始数据进行综合分析,如进行故障信息的收集、整理,装备履历、运行参数的记录,统计分析和趋势分析等。特征级信息融合的目的在于实现数据的压缩,按照特征信息的应用及数据间的关系对数据进行分类、汇总和综合,实现特征提取,完成信息从故障征兆空间向故障空间映射的模式识别的过程,即故障的综合诊断。决策级针对的是具体的决策目标,如故障隔离(定位)的推理以及应用于维修决策的系统可靠性参数估计(预后诊断)等。

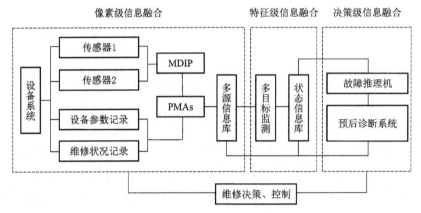

MDIP—交互式维修数据面板;PMAs—便携式维护支持系统

图 5-1　装备维修信息融合系统

特征级信息融合中的装备故障的融合诊断过程就是利用多源的信息对装备运行状态进行模式分类的过程,信息通常是非线性可分和非参数的,故障诊断过程可以看作对征兆数据进行分类判别的过程。在实现各类信息由故障征兆空间向故障空间映射($f: S \rightarrow E$)的过程中,常常会出现一些分类器对一部分类别的分类精度高,而另一些分类器对另一部分类别分类精度高的情况,因此考虑利用不同的分类器进行互补,寻求对这些信息进行模式分类的有效方法。本案例考虑了在故障诊断实践中应用较为普遍的多层感知器(MLP)分类器、径向基神经网络(RBFNN)分类器以及基于 k 近邻(kNN)的分类器,用这些分类器对相同的样本集进行了诊断实验研究,结果如表 5-1 所示。

表 5-1　三种分类器对测试样本集的诊断性能

输入	分类器	状态分类准确度/%		
		N	C_2	C_1
N	MLP	91.5		8.5
	RBFNN	96	1.5	2.5
	kNN	68.5	14.5	17
C_1	MLP	14.5	85.5	
	RBFNN	4.5	93.5	2
	kNN	2	98	
C_2	MLP	6	3	91
	RBFNN		9	91
	kNN	1	1.5	97.5

不同的分类器各有所长，MLP 对状态 N 和 C_2 的诊断具有较高的正确率，RBPNN 对状态 N 和 C_1 诊断的正确率高于状态 C_2，kNN 对 C_1 和 C_2 的诊断正确率明显高于状态 N。可以考虑在融合框架中并行使用三种分类器进行诊断，以提高系统的诊断性能。

本案例利用比较简单的投票方法，基于多数投票规则进行了第二阶段的分类，但投票法亦有它的不足，比如可能会出现三个分类器结果一致而拒绝投票的局面。证据理论在证据过多的情况下会出现计算量呈几何级数增长的问题。因此，本案例仅针对投票出现的未分类情况使用了证据组合算法。同时考虑单独分类器对某一状态分类性能高的情况，最后使用了一个简单的专家系统对诊断结果进行了进一步的融合。

通过以上工作，可以得出如图 5-2 所示的一个用于装备故障诊断的特征层融合框架，实现对多源数据进行正确的状态分类的目标。这里并没有调试单个的分类器，而是通过分类结果的融合计算，以及通过简单的专家系统，最后对诊断结果进行验证。

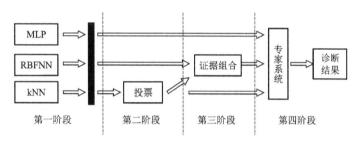

图 5-2　故障诊断的特征级信息融合框架

5.1.2　融合框架在旋转机械故障诊断中的应用

为验证本案例构造的融合框架在故障诊断的实际应用中的性能，本小节针对旋转机械的故障诊断问题进行了实验研究。通常情况下，旋转机械主要会出现如下几种故障类型：① 转子质量不平衡；② 油膜涡动；③ 动静件摩擦；④ 转子不对中；⑤ 旋转脱离；⑥ 喘振。为了方便研究，本案例主要针对①、②两种故障状态和正常状态进行故障诊断分析。

故障诊断过程如下：采用基于小波包分解的时域分析方法，在某一分解尺度下对信号作不同频带内的分解，分别重构不同频带内的分解系数，从重构的时间序列中进行征兆提取，不同频带内的分解系数重构会形成一组新的时间序列，对这些序列采用时域分析方法，提取不同频带的信号特征。通过计算各频段的能量，确定出相应的特征向量，以不同频段的能量作为不同的信源进行融合诊断。

设 S 为经过消噪处理后的原始信号再经过小波包分解后的第 i 层的第 j 个节点的小波包分解系数，对每个小波包分解系数进行单支重构，可提取各频带范围的时域信号。S_{ij} 表示单支重构信号，则总信号 S 计算如下：

$$S = \sum_{j=1}^{2^i} S_{ij} \tag{5-1}$$

式中，i 为小波包分解的层数（取正整数）。假设原始信号中，最低频率成分为 f_{min}，最高频率成分为 f_{max}，令 $\Delta f = (f_{max} - f_{min})/2^i$

则信号 S_{ij} 的频率范围为 $[f_{min} + (j-1)\Delta f] \sim (f_{min} + j\Delta f)$

当装备出现故障时，各频带内信号的能量会受较大的影响，因此，以各频带信号 S_{ij} 的能量为元素构造特征向量，可有效提取故障征兆。

由于原始信号 S 为随机信号，S_{ij} 也是随机信号，设 S_{ij} 对应的能量为 E_{ij}，则有

$$E_{ij} = \int |S_{ij}(t)|^2 dt = \sum_{k=1}^{n} |x_{jk}|^2 \tag{5-2}$$

式中，$x_{jk}(k=1, 2, \cdots, n)$ 表示重构信号 S_{ij} 的离散幅值。由此，特征向量 $\boldsymbol{T}$ 可构造如公式(5-3)所示。

$$\boldsymbol{T} = [E_{i1}, E_{i2}, E_{i3}, \cdots, E_{i2^i}] \tag{5-3}$$

从实验分析中可以看到，经两层小波包分解重构后的信号已经可以反映故障特征，所以可采用两层小波包分解构成四维特征向量来提取旋转机械的故障特征。

图 5-3、图 5-4、图 5-5 所示分别为转子正常振动信号、油膜涡动和质量不平衡时的振动信号以及相应的小波包(db20 小波包)重构的各频段时域信号。图中，横坐标代表采样点数，纵坐标代表振动信号幅值，单位为 μm。

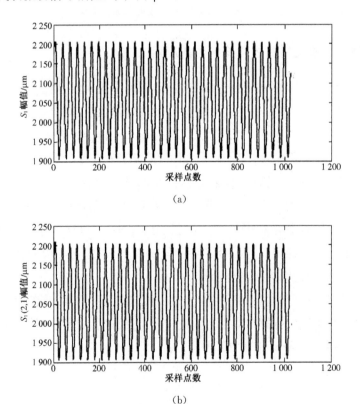

(a)

(b)

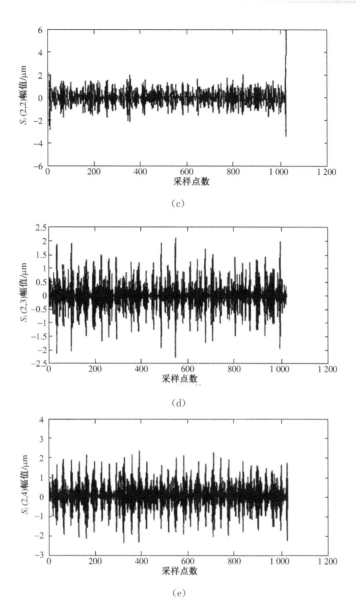

（c）

（d）

（e）

图 5-3 正常振动信号 S_1 及小波包单支重构信号

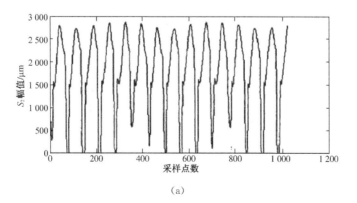

（a）

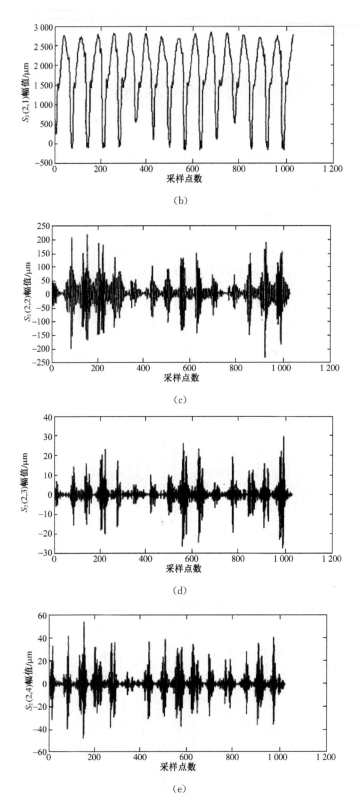

(b)

(c)

(d)

(e)

图 5-4 油膜涡动故障信号 S_2 及小波包单支重构信号

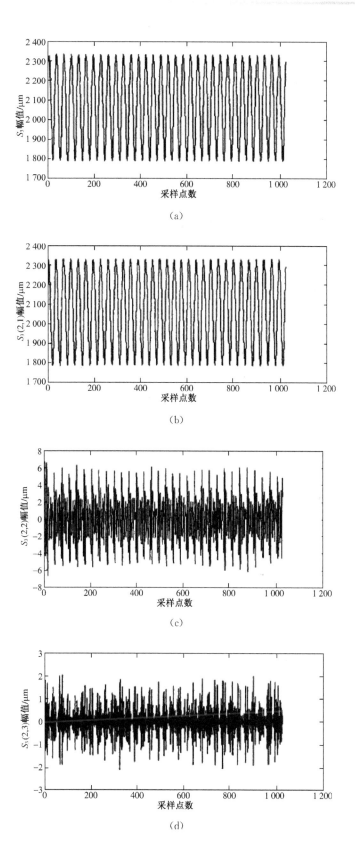

(a)

(b)

(c)

(d)

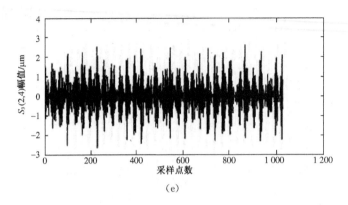

（e）

图5-5　质量不平衡故障信号 S_3 及小波包单支重构信号

表5-2中给出了部分正常振动信号、油膜涡动振动信号时的振动信号的特征向量提取结果,限于篇幅原因,其余结果不再列出。

表5-2　特征向量的部分提取结果

序号	正常				油膜涡动			
	A1	A2	A3	A4	A1	A2	A3	A4
1	6. 594 7	0. 015 5	0. 005 6	0. 007 9	6. 064 1	0. 279 6	0. 037 5	0. 081 2
2	6. 591 6	0. 015 3	0. 005 5	0. 007 9	6. 150 3	0. 322 6	0. 049 9	0. 104 3
3	6. 591 6	0. 015 3	0. 005 5	0. 007 9	6. 209 7	0. 312 9	0. 043 1	0. 092 7
4	6. 589 1	0. 014 8	0. 005 5	0. 007 7	6. 220 5	0. 320 1	0. 046 1	0. 092 0
5	6. 581 8	0. 015 9	0. 005 9	0. 008 2	6. 120 6	0. 185 6	0. 020 6	0. 039 1
6	6. 588 6	0. 015 0	0. 005 5	0. 007 8	6. 177 8	0. 252 4	0. 024 3	0. 059 9

5.1.3　故障诊断实验

本实验是将图5-2所示的四个阶段的融合框架应用于旋转机械的故障诊断中,来检验融合框架进行故障诊断的效果。实验时分别从正常状态、油膜涡动状态和质量不平衡状态下信号中各取300组数据作为训练样本对单个分类器进行训练,再用三种状态下各700组数据构成测试样用来测试。单个分类器的输出采用"n 中取1"表示法,即用 $[1 \quad 0 \quad 0]^T$ 表示正常状态,用 $[0 \quad 1 \quad 0]^T$ 表示油膜涡动状态,用 $[0 \quad 0 \quad 1]^T$ 表示质量不平衡状态。

第一阶段,采用BP算法对两层感知器进行训练,使用加动量修正法和可变学习率。将样本序列输出神经网络,均方误差MSE设定为0.03,动量因子设定为0.85,两层感知器结构为 $4 \times 11 \times 3$,经过5 482次训练后网络达到期望值。RBFNN网络设定SPREAD常数为0.1;kNN取 $k=1$。

训练结束后,使用700组测试样本对分类器性能进行检验,诊断结果用百分比的形式给出,如表5-3所示。

表5-3　第一阶段的诊断结果

输入	分类器	状态分类		
		正常/%	油膜涡动/%	质量不平衡/%
正常	MLP	74.4	9	16.6
	RBFNN	86.1	9.2	4.7
	kNN	91.3	7	1.7
油膜涡动	MLP	5.3	91.4	3.3
	RBFNN		89.3	10.7
	kNN	18	67.9	14.1
质量不平衡	MLP	3	11.4	85.6
	RBFNN	14.7	7	78.3
	kNN		7.6	92.4

由表5-3可以看出,虽然我们并没有去深入分析提取的特征向量的规律,但三个分类器对700组测试样本的诊断都取得了一定的效果。可以明确的是,这些效果是有差异的。分析其原因,应是三个分类器内部机理不同,导致了不同的分类器对于不同的向量进行了不同的分类。就油膜涡动故障来讲,MLP和RBFNN对于此故障的诊断精度比较高,kNN对于此故障的诊断精度偏低。

为了消除这种差异,进一步提高诊断性能,在第二个阶段的诊断中,仍采用多数投票规则对三个分类器的诊断结果进行投票。如果某一个状态得了两票,则判断样本为此状态;如三个分类器各执一词的话(即没有给出一致的分类结果)则判断为未分类,即"拒绝"。第二个阶段用投票方法诊断之后,结果见表5-4。

表5-4　经过投票融合之后的分类结果

输入	状态分类			
	正常/%	油膜涡动/%	质量不平衡/%	未分类/%
正常	91.9		8.1	
油膜涡动		89.9		10.1
质量不平衡		3	88.3	8.7

经过第二阶段的投票之后,融合分类器的性能得到了提高,但出现了不同程度地对

油膜涡动和质量不平衡两种状态未分类的情况。和前面一样,把这种情况输入第三阶段的证据组合模块,根据证据理论对未分类的情况进行判断并将样本划入适当的分类中,结果如表 5-5 所示。

表 5-5　经过证据组合之后的分类结果

输入	状态分类		
	正常/%	油膜涡动/%	质量不平衡/%
正常	91.9		8.1
油膜涡动		93.6	6.4
质量不平衡		9.9	90.1

从表 5-5 中可以看出,经过证据组合之后,每一种状态的诊断均有错误的情况出现,这种情况需交由专家系统来定夺。从表 5-3 的结果来看,kNN 对正常状态有较高的诊断精度,MLP 对油膜涡动状态有较高的诊断精度,但第三阶段证据组合之后的诊断精度已经超过了单个分类器的诊断精度,因此不再进一步诊断。即如果经过投票和证据组合之后,判断样本为正常或油膜涡动状态,则诊断结束;如果判断为质量不平衡状态,由于 kNN 在这方面精度相对较高些,可以认为 kNN 是对质量不平衡状态诊断的专家,可设计基于如下规则的一个简单的专家系统。

IF　第三阶段诊断为质量不平衡　THEN

　　　　IF 第一阶段 kNN 诊断为质量不平衡　THEN

　　　　　　　判断为质量不平衡

　　　　ELSE　　　判断为油膜涡动

　　　　END

END

经过第四阶段简单的专家系统之后,系统最后的诊断结果如表 5-6 所示。

表 5-6　整个融合系统的诊断结果

输入	状态分类		
	正常/%	油膜涡动/%	质量不平衡/%
正常	91.9		8.1
油膜涡动		93.6	6.4
质量不平衡		6.8	93.2

从表 5-6 可以看出,针对旋转机械的故障诊断平均精度达到了 92.9%,说明特征层融合框架具有较理想的诊断性能。

　　基于信息融合的原理和装备维修信息融合系统,本案例给出了一个故障诊断的特征级信息融合框架,充分利用来自不同角度的传感器信息,对装备的运行状态进行诊断。针对常见的旋转机械的故障诊断问题,利用 db20 小波包对测得的信号进行了两层分解和重构,提取其正常和故障状态下的信息作为特征向量对单个分类器进行训练。利用提取的与训练样本相同类型的数据对融合框架进行了检验。结果表明,在旋转机械故障诊断的应用中,融合框架具有较理想的结果,诊断精度达到 92.9%。

5.2 基于鲸鱼算法优化 MLP 的滚动轴承故障诊断

多层感知器(Multi-Layer Perceptron，MLP)为多层隐含层的神经网络,在学习过程中其需要不断对自身的权值和阈值进行优化来达到目标值。该方法主要思路是对已有的滚动轴承信号进行不断学习直到达到设定的目标值,从而获得需要精度的滚动轴承故障诊断模型。在 MLP 轴承故障诊断中 MLP 有时会陷入局部最优,导致轴承故障诊断精度过低,学习速度较慢,而鲸鱼优化算法(Whale Optimization Algorithm，WOA)具有原理简单、易于实现、设置参数少、寻优性强等优点。针对以上问题,本案例基于 WOA 优化 MLP,以实现滚动轴承的故障诊断。测试实验数据选自美国凯斯西储大学基于标准测试实验台,以型号为 SKF6250 的滚动轴承(电动机驱动端)进行的标准测试实验(公开)。

5.2.1 鲸鱼优化算法

鲸鱼优化算法(Whale Optimization Algorithm，WOA)是模仿座头鲸的狩猎行为的一种算法,算法模仿座头鲸对猎物进行寻找,然后攻击捕猎,通过这样的方法来达到优化的目的。其数学模型为:

$$X(t+1) = X' e^{bl} \cos 2\pi l + X^*(t) \tag{5-4}$$

$$X(t+1) = X^*(t) - A \cdot D; \quad p \geqslant 0.5 \tag{5-5}$$

式中，X 表示当前解的位置，X^* 表示当前最优解的位置，D 表示 X 与 X^* 间的距离，A 为系数，t 为当前迭代次数；p 为[0,1]中的随机数；l 为[−1,1]之间的随机数。

$$A = 2ar - a \tag{5-6}$$

$$D = |CX^*(t) - X(t)| \tag{5-7}$$

$$C = 2r \tag{5-8}$$

$$D' = |X^*(t) - X(t)| \tag{5-9}$$

式中，C 为系数，r 为[0,1]之间的随机矢量；a 为从 2 到 0 线性衰减的矢量；b 为螺旋线形状的控制常数。

鲸鱼优化算法主要分为两个部分:第一部分是对座头鲸发现猎物的过程进行模仿;第二部分是对座头鲸基于泡泡网机制来进行捕猎的行为进行模仿。鲸鱼优化算法分为搜寻猎物、包围猎物、泡泡网攻击这三个阶段。这两个部分均可对群体优化算法的发掘过程进行反应,然后通过引入随机变量,p 来对座头鲸狩猎的两种方式进行平衡。从以上座头鲸狩猎的公式中可以看出，p 值是随机数且始终处于 0 至 1 之间。当算法模仿座头鲸靠近猎物时，p 的值小于 0.5；当算法模仿座头鲸以螺旋线的形式来靠近猎物时，p 的值取大于或等于 0.5。除了上述泡泡网攻击以外，鲸鱼会随机搜索猎物，会随机产生 X_{rand} 个新个体，此时需要按照 $A > 1$ 和 $P < 0.5$ 进行设定。然后鲸鱼优化算法的种群将按照公式(5-10)和公式(5-11)进行更新：

$$D = |CX_{rand} - X(t)| \tag{5-10}$$

$$X(t+1) = X_{rand} - A \cdot D \tag{5-11}$$

从以上鲸鱼优化算法可以了解到鲸鱼优化算法是随机性的优化算法，在对非线性高维度的信号进行处理时具有较好的效果，且能避免神经网络在学习过程中陷入局部最优。

5.2.2 多层感知器神经网络原理

多层感知器(Multi-Layer Perceptron，MLP)为多层隐含层的神经网络。而神经网络在学习过程中需要不断对自身的权值和阈值进行优化来达到目标值。利用多层感知器可以通过对已有的滚动轴承信号进行不断地学习以达到设定的目标值，从而获得需要精度的滚动轴承故障诊断模型。

MLP 被称为多层感知器，主要分为三层，其中首层是输入层，中间是隐含层，最后是输出层。输出层和隐含层的每个节点均包含一个阈值，层与层之间的节点是以权值进行全连接。MLP 神经网络具体结构如图 5-6 所示。

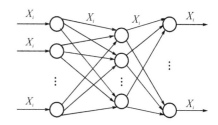

由图 5-6 可知，MLP 神经网络中，知道其输入层以及隐含层和输出层各个节点的阈值和权值，就可以通过层层加权对神经网络的输出进行推导。

图 5-6　MLP 神经网络结构图

隐含层的输入可以由以下公式推出：

$$S_i = \sum_{i=1}^{h}(W_{ij}X_i) - \theta_j, \ j = 1, 2, 3, \cdots, h \tag{5-12}$$

式中，S_j 为隐含层中第 j 个节点的输入值；W_{ij} 为第 i 个节点和第 j 个节点之间的权值；h 为隐含层神经元节点数；θ_j 为第 j 个隐含层中神经元节点的阈值。

利用双曲 MLP 神经网络对滚动轴承进行故障诊断时使用的激励函数是 sigmoid 函数，所以隐含层的各个节点的输出公式如下：

$$H_j = \mathrm{sigmoid}(S_j) = \frac{1}{1 + \exp(-S_j)} \tag{5-13}$$

式中，H_j 为第 j 个隐含层神经元节点的输出值。

输出层输出的公式如下：

$$o_k = \sum_{j=1}^{h}(W_{jk}H_j) - \beta_k \tag{5-14}$$

$$O_k = \text{sigmoid}(o_k) = \frac{1}{1+\exp(-o_k)} \tag{5-15}$$

式中，o_k 为输出层第 k 个神经元节点的输入值；W_{jk} 为隐含层第 j 个神经元节点到输出层第 k 个神经元节点之间的权值；β_k 为输出层第 k 个神经元节点的阈值；O_k 为输出层第 k 个神经元节点的输出值。

由以上公式可以看出，MLP 神经网络进行学习训练，实际上就是对其阈值和权值不断进行更新改进，使得 MLP 不断地趋向于目标值，最后达到目标值，并进行输出。

5.2.3 利用 WOA 优化 MLP 的模型

在确定了神经网络的结构和智能优化算法之后，可确定适应度函数来评价鲸鱼优化算法中的种群中的不同个体的好坏。最后选择的适应度函数为均方差（MSE），用其来对 MLP 进行评估。首先确定训练样本 X，并随机选取部分样本作为测试样本，即真实样本 Y。优化后的 MLP 神经网络学习后对样本进行预测的值为 $\hat{y}$，均方差（MSE）的表达式为：

$$\text{MSE} = \frac{1}{n}\sum_{i=1}^{n}(y-\hat{y})^2 \tag{5-16}$$

对滚动轴承进行诊断时采用鲸鱼优化算法对 MLP 的阈值和权值进行优化。结合 MSE 来对权值和阈值逐步寻找最优，对鲸鱼优化的迭代次数进行设置，当达到迭代次数或目标精度时终止对最优个体的寻找。该优化过程中均方差函数、训练样本、MLP 神经网络和鲸鱼优化算法的关系如图 5-7 所示。

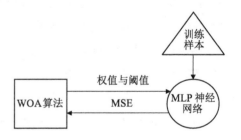

图 5-7　WOA-MLP 内部连接图

研究如何提高 MLP 神经网络的识别精度，主要就是研究如何对其结构进行调增。其中 MLP 的输入变量取决于选择数据的样本数。隐含层的节点数多根据经验公式（5-17）进行选择，然后再逐个试验确定最优节点数。神经元个数不可过多也不可过少，神经元个数过多会增加神经网络在学习时候的泛化能力，若个数较少会使神经网络在学习的时候丢失拟合的精度，神经元过多或过少都会影响神经网络的预测能力。

当隐含层的层数增加时，神经网络中的权值和阈值会跟着增加很多。但遇到较复杂和维度较多的问题时，增加隐含层层数则能够使神经网络的预测精度有进一步的提高。但对于隐含层层数的选取至今没有一个合理的方法作为支撑条件，需要研究者进行重复的试验来对最优层数和节点数进行选取。隐含层神经元节点数与输入层神经元个数和输出层神经元个数的关系如下式所示：

$$h = \sqrt{m+n} + a \tag{5-17}$$

式中，h 为隐含层神经元节点个数；m 为输入层神经元个数；n 为输出层神经元个数；a 为常数，且 $a \in [0, 10]$。

利用 WOA 优化 MLP 是通过对鲸鱼优化算法进行设计，将均方差（MSE）作为适应度函数，以适应度函数曲线的变化来设定最适迭代次数，并将迭代次数作为鲸鱼优化算法的终止条件。

5.2.4 测试实验方法及故障信号分析

WOA-MLP 算法思路如下：首先，将滚动轴承的正常、内圈、外圈和滚动体振动原信号截取成若干个待诊断样本；其次，将 MLP 进行改进，即确定 MLP 的节点数和隐藏数；最后，用 WOA 优化 MLP，以实现高效和高精度故障诊断。WOA-MLP 算法的流程如图 5-8 所示。

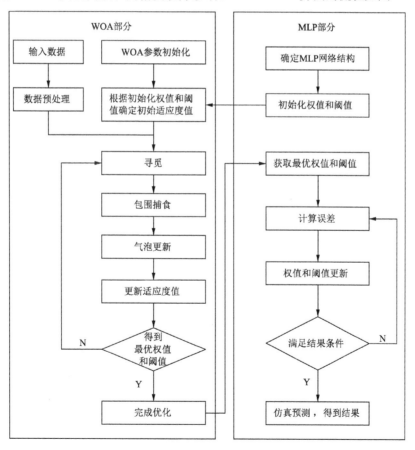

图 5-8　WOA-MLP 改进算法流程图

(1) 试验方法

本案例中所用的轴承是美国凯斯西储大学提供的型号为 SKF6250 的滚动轴承,为了验证所提方法的优越性和有效性,案例通过外加手段在内圈、外圈和滚动体上增加了不同的故障缺陷。电机转速为 1 750 r/min,载荷为 1.497 kW。用振幅传感器对电机驱动端进行数据采集,采样频率为 12 kHz。滚动轴承测试实验装置如图 5-9 所示。

图 5-9　滚动轴承测试实验装置图

(2) 基于 WOA-MLP 的故障诊断

为了说明 WOA-MLP 的有效性和优越性,对 PNN(概率神经网络)、MLP 和 WOA 优化的 MLP(WOA-MLP)进行诊断对比分析。

截取长度为 800 个点的信号为一个样本,正常、内圈、外圈和滚动体故障样本各有800 个,共 3 200 个样本。将 3 200 个样本随机排列,前 93.75% 的 3 000 个样本作为训练集,后 6.25% 的 200 个样本作为测试集。

(3) 基于 PNN 的故障诊断结果

PNN 神经网络训练后的效果如图 5-10 所示,其中星状图形标记的为实际期望输出值,经训练后的 PNN 的识别误差为期望输出与实际输出的差值,由图 5-11 可知训练后的误差较小。

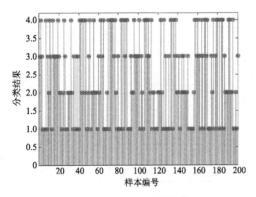

图 5-10　PNN 训练后的效果

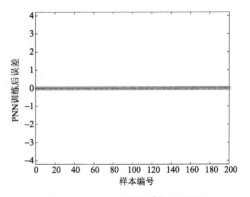

图 5-11　PNN 训练后的误差图

将 PNN 诊断得到的网络的实际输出用星状图形进行标记。同时对期望输出用三角形符号进行标记。通过将实际的输出值和期望的输出值放在一起进行对比来显示 PNN 神经网络的诊断精度。

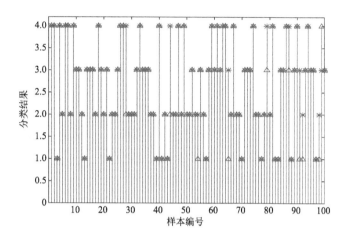

图 5-12   PNN 诊断效果图

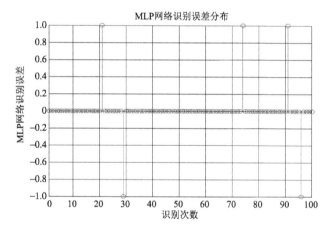

图 5-13   MLP 识别误差分布

由图 5-12 可以看出 PNN 对随机截取的数据的诊断精度不是特别高。为了避免结果的特殊性,本实验对该组数据进行了 6 次试验,每次试验的训练数据和测试数据均随机截取。6 次的试验结果如表 5-7 所示。

由表 5-7 可知,PNN 在滚动轴承故障诊断方面的识别精度不是很理想,错误较多。由表中数据可知,PNN 对滚动轴承的各种工作模式的平均识别分类精度为 89.3%。

表 5-7   PNN 诊断结果

试验序号	诊断结果/%
1	90.0
2	86.5
3	91.5
4	89.5
5	90.5
6	88.0

(4) 基于 MLP 的故障诊断结果

在截取的数据中随机选取 200×8 个数据点进行诊断。将其导入使用 3 000×8 个数据训练的网络中来对 MLP 神经网络在轴承故障诊断方面的精度进行测验。

由图 5-13 可以看出 MLP 神经网络对随机截取的数据的诊断精度较 PNN 略有提升，但还低于目前研究的平均精度。为了避免结果的特殊性，本实验又对该组数据进行了 6 次试验，每次试验的训练数据和测试数据均随机截取。6 次的试验结果如表 5-8 所示。

由表 5-8 可知，MLP 神经网络在滚动轴承故障诊断方面的识别精度基本稳定在 90% 左右，与 PNN 相比识别精度更高。由表中数据可知，MLP 神经网络对滚动轴承的各种工作模式的识别分类精度为 89.93%。

表 5-8　MLP 诊断结果

试验序号	诊断结果/%
1	90.3
2	90.0
3	91.5
4	88.0
5	89.5
6	90.3

(5) 基于 WOA-MLP 的故障诊断结果

经过 WOA-MLP 神经网络的诊断，可得到网络的实际输出，可通过将实际的输出值和期望的输出值放在一起进行对比来显示 WOA-MLP 神经网络的诊断精度。如图 5-14 所示。

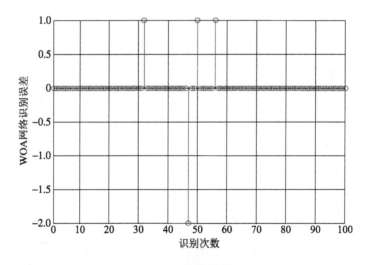

图 5-14　WOA-MLP 网络识别误差曲线

由图 5-14 可以看出 WOA 优化后的 MLP 神经网络对随机截取的数据的诊断精度较 PNN 和 MLP 高。为了避免结果的特殊性，本实验对该组数据进行了 6 次试验，每次试验的训练数据和测试数据均随机截取。6 次的试验结果如表 5-9 所示。

由表 5-9 可知，经 WOA 优化后 MLP 神经网络对滚动轴承的各种工作模式的识别分类精度为 95.1%。

经 WOA 优化后的 MLP 的轴承故障诊断精度有明显的提高,具体情况如图 5-15 所示。

表 5-9　WOA-MLP 诊断结果

试验序号	诊断结果/%
1	93.2
2	96.1
3	95.8
4	94.4
5	95.3
6	95.8

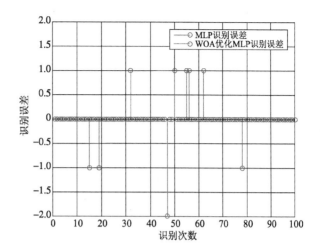

图 5-15　MLP 与 WOA-MLP 识别误差对比曲线

由上图对比结果可知,经 WOA 优化的 MLP 识别精度有明显的提高。在截取的 $100×8$ 个数据中,优化前有 5 个位置诊断有误,优化后只有四个位置被诊断错误。同时, WOA 对 MLP 神经网络的权值和阈值进行优化后,不仅诊断精度有了明显的提升,而且在诊断时间也有明显的下降。

由以上仿真分析可以明显看出 PNN(概率神经网络)、MLP 神经网络和经 WOA 优化后的 MLP 神经网络在滚动轴承故障诊断中的精度。可以看出,经 WOA 优化后的 MLP 的诊断精度有明显的提高,不同诊断方法的精度对比如表 5-10 所示。

表 5-10　不同诊断方法精度对比

诊断方法	平均诊断精度/%	平均诊断时间/s
PNN	89.3	2.013 3
MLP	89.93	15.633 0
WOA-MLP	95.1	6.987 2

由表 5-10 可以很明显看出,PNN 与 MLP 神经网络诊断精度相似,而经 WOA 优化后的 MLP 能够用更短的时间实现更高诊断精度,但经 WOA 优化后的 MLP 的诊断时间介于 PNN 和 MLP 之后,最后综合考虑选用 WOA 优化 MLP 的方法对滚动轴承故障进行诊断。

5.3　基于变分模态分解的滚动轴承故障诊断

本案例将变分模态分解和多层感知器相结合,建立了滚动轴承故障诊断模型,使用美国凯斯西储大学滚动轴承故障数据,开展滚动轴承故障类型和故障程度的分类实验研究,主要内容如下:

变分模态分解(VMD)算法中,模态分解个数 K 和惩罚因子 α 通常需要人为设定,案例采用麻雀搜寻算法对 VMD 进行了优化处理,使 K 和 α 可以自适应地确定,避免了人为选择参数时的不确定性。

利用 VMD 算法将滚动轴承振动信号分解为多个模态分量,根据其相关系数的大小进行筛选。筛选后,计算模态分量的中心频率、能量熵、近似熵,并以此为基础构建了滚动轴承振动信号的特征向量矩阵。

建立基于多层感知器(MLP)的滚动轴承故障诊断模型,可以采用多种算法对多层感知器的权值和阈值进行优化处理,并进行对比实验研究,找出较为适应的优化算法。同时,将特征向量矩阵作为优化 MLP 模型的输入,开展了滚动轴承故障类型和故障程度的分类实验研究。

5.3.1　基本原理

(1) 变分模型构建

VMD 算法可将原始信号 $f(x)$ 分解为 K 个模态函数 $U_k(t)$,每个模态函数的中心频率为 $\omega_k(t)$,其表达式如式(5-18)所示。

$$U_k(t) = A_k(t)\cos\left[\phi_k(t)\right] \tag{5-18}$$

式中,$A_k(t)$ 为 $U_k(t)$ 的瞬时幅值,$\phi_k(t)$ 为 $U_k(t)$ 的相位函数,$\phi_k(t)$ 的一阶导数 $\omega_k(t)$ 为 $U_k(t)$ 的瞬时频率。

VMD 的约束模型建立步骤如下:

① 将基本模态分量(Intrinsic Mode Functions,IMF)进行希尔伯特变换;

$$\left(\delta_t + \frac{\mathrm{j}}{\pi t}\right) \cdot U_k(t) \tag{5-19}$$

上式中,δ_t 表示单位脉冲函数,j 为虚数的单位。

② 对每个 IMF 分量预估其中心频率,将 IMF 分量的频谱调制到相应的基频带上;

$$\left[\left(\delta_t + \frac{\mathrm{j}}{\Pi t}\right) \cdot U_k(t)\right] \cdot \mathrm{e}^{\mathrm{j}\omega_k t} \tag{5-20}$$

③ 计算调制信号梯度的 L2 范数，计算各 IMF 分量的带宽，得到约束变分模型如式(5-21)所示。

$$\begin{cases} \min\limits_{\langle u_k \rangle \, \langle \omega_k \rangle} \left\{ \sum\limits_{k=1}^{k} \parallel \partial(t) \left[\left(\delta_t + \dfrac{\mathrm{j}}{\Pi t} \right) \cdot U_k(t) \right] \cdot \mathrm{e}^{\mathrm{j}\omega_k t} \parallel_2^2 \right\} \\ \qquad\qquad s.t. \sum\limits_{t=1}^{t} u_k = f \end{cases} \tag{5-21}$$

式中，$\partial(t)$ 为梯度运算，k 为信号分解个数，f 为原始输入信号。

(2) 变分模型求解

为了更简单地求解约束变分模型，引入惩罚因子 α 和拉格朗日乘法算子 $\lambda(t)$，α 和 $\lambda(t)$ 的引入将约束性变分问题转变为无约束变分问题，可以得到：

$$L(\{U_k\}, \{\omega_k\}, \lambda) = \alpha \sum_{k=1}^{k} \parallel \partial(t) \left[\left(\delta_t + \dfrac{\mathrm{j}}{\Pi t} \right) \cdot U_k(t) \right] \cdot \mathrm{e}^{\mathrm{j}\omega_k t} \parallel_2^2 +$$

$$\parallel f(t) - \sum_{k=1}^{k} U_k(t) \parallel_2^2 + \lambda(t), f(t) - \sum_{k=1}^{k} U_k(t) \tag{5-22}$$

式中，$\parallel f(t) - \sum\limits_{k=1}^{k} U_k(t) \parallel_2^2$ 为二次惩罚项，符号"·"表示内积运算。

利用交替方向乘子法对 U_k^{n+1}，ω_k^{n+1}，λ^{n+1} 进行迭代，将问题变为非约束性变分问题，其中三个变量的迭代表达式如式(5-23)所示。

$$\begin{cases} \hat{U}_k^{n+1} = \dfrac{\hat{f}(\omega) - \sum_{i \neq k} \hat{U}_i(\omega) + \dfrac{\hat{\lambda}(\omega)}{2}}{1 + 2\alpha(\omega - \omega_k)^2} \\[4mm] \tilde{\omega}_k^{n+1} = \dfrac{\int_0^{\infty} \omega \mid \hat{U}_k(\omega) \mid^2 \mathrm{d}\omega}{\int_0^{\infty} \mid \hat{U}_k(\omega) \mid^2 \mathrm{d}\omega} \\[4mm] \hat{\lambda}^{n+1} = \hat{\lambda}^n + \tau \left(\hat{f} - \sum_k \hat{U}_k^{n+1}(\omega) \right) \end{cases} \tag{5-23}$$

5.3.2 麻雀搜寻算法

VMD 虽然分解效果很好，但分解过程中其模态数 K 以及惩罚因子 α 需要人为确定，目前确定 K 值的方法通常为中心频率观察法，不过该方法没有准确的依据，并且只能用来确定模态数 K。本小节采用麻雀搜寻算法(Sparrow Search Algorithm, SSA)对 VMD 算法进行了改进，使算法能根据信号的自身特征自适应地确定 K 值。

(1) 麻雀搜寻算法概述

麻雀搜寻算法是研究者受麻雀搜寻食物和应对天敌策略的启发，提出的一种智能优化

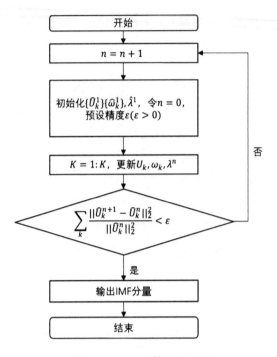

图 5-16 VMD算法流程图

算法。相比于其他优化算法,该算法在搜索精度、收敛速度、稳定性和避免局部最优值等方面都有良好的表现。该算法有以下几个规定:

① 发现者,该角色的作用在于为种群中的搜捕者指明食物的位置,确保种群能够有丰富的食物。

② 搜捕者,该角色通过发现者的指引进行捕食,一些搜捕者还会采取监视发现者并抢夺食物的方式,从而提高捕食率。

③ 警戒者,该角色的作用是发出警报,之后发现者会将种群带到安全区域。

④ 发现者和搜捕者不是固定的,它们之间可以互换身份。

⑤ 发现者一般是能量储备较高的角色,一部分麻雀为了获得能量会选择去其他区域捕食。

⑥ 当种群发现危险时,处于边缘的麻雀会立刻移动到安全的位置,处于中心地带的麻雀会随机靠近其他麻雀,从而保证种群的安全。

(2) SSA 模型

假设有 n 个麻雀组成的种群,该种群可用公式(5-24)表示。

$$\boldsymbol{X} = \begin{bmatrix} x_{1,1} & x_{1,2} & \cdots & x_{1,m} \\ x_{2,1} & x_{2,2} & \cdots & x_{2,m} \\ \vdots & \vdots & \ddots & \vdots \\ x_{n,1} & x_{n,2} & \cdots & x_{n,m} \end{bmatrix} \tag{5-24}$$

式中，n 为麻雀的数量，m 为变量维数。上式中的适应度函数如式(5-25)所示。

$$\boldsymbol{F}_x = \begin{bmatrix} f([\,x_{1,1} & x_{1,2} & \cdots & x_{1,m}\,]) \\ f([\,x_{2,1} & x_{2,2} & \cdots & x_{2,m}\,]) \\ f([\,x_{n,1} & x_{n,2} & \cdots & x_{n,m}\,]) \end{bmatrix} \tag{5-25}$$

式中，f 为适应度函数。

在该算法中，发现者会为整个种群寻找食物，并为捕食者指明食物的位置和方向，发现者更新位置的方式如公式(5-26)所示。

$$X_{i,j}^{t+1} = \begin{cases} X_{i,j}^i \cdot \mathrm{e}^{-\frac{i}{a \cdot iter_{\max}}}, & R_2 < ST \\ X_{i,j}^i + Q \cdot L, & R_2 \geqslant ST \end{cases} \tag{5-26}$$

其中，t 为迭代次数，$j = 1, 2, 3, \cdots, m$，$iter_{\max}$ 为最大迭代次数。X_{ij} 表示第 i 个麻雀在第 j 维中的具体位置。α 为区间 $(0, 1]$ 内的随机数。$R_2(R_2 \in (0, 1])$ 为阈值，$ST(ST \in (0.5, 1])$ 为安全值，Q 为正态分布区间内的随机数。L 是元素全为 1 的 1 行 m 列矩阵。

当 $R_2 < ST$ 时，发现者将进行大范围搜索；当 $R_2 \geqslant ST$ 时，种群会收到警报并离开该区域，由发现者带领前往安全的区域。

当发现者找到更好的食物时，搜捕者会跟随发现者前往该区域进行捕食，公式(5-27)为搜捕者更新位置的方式。

$$X_{i,j}^{t+1} = \begin{cases} Q \cdot \mathrm{e}^{\frac{X_{\mathrm{worst}} - X_{i,j}^t}{i^2}}, & i > \dfrac{n}{2} \\ X_p^{t+1} + |\,X_{i,j}^t - X_p^{t+1}\,| \cdot \boldsymbol{A}^+ \cdot \boldsymbol{L}, & \text{其他} \end{cases} \tag{5-27}$$

其中，X_p 是发现者最优的位置，X_{worst} 则为最劣的位置。A 为随机赋值的矩阵，其元素为 1 或 -1 的矩阵，$\boldsymbol{A}^+ = \boldsymbol{A}^{\top}(\boldsymbol{A}\boldsymbol{A}^{\top})^{-1}$。当 $i > \dfrac{n}{2}$ 时，表明第 i 个搜捕者获取不到食物时，它会选择前往其他区域进行捕食。

警戒者可以感知到危险，其位置会在种群中随机生成，警戒者更新位置的方式如公式(5-28)所示。

$$X_{i,j}^{t+1} = \begin{cases} X_{\mathrm{best}}^t + \beta \cdot |\,X_{i,j}^t - X_{\mathrm{best}}^t\,|, & f_i > f_g \\ X_{i,j}^t + K \cdot \left(\dfrac{X_{i,j}^t - X_{\mathrm{worst}}^{t+1}}{(f_i - f_w) + \varepsilon} \right), & f_i = f_g \end{cases} \tag{5-28}$$

其中，X_{best} 表示目前最优的位置。β 表示步长，为服从标准正态分布的随机数。K

为 $[-1, 1]$ 之间的随机数，f_i 为个体的适应度值，f_g 和 f_w 用来表示适应度值的优劣，ε 为最小常数。$f_i > f_g$ 表示麻雀处于区域边缘，$f_i = f_g$ 表示麻雀处于中心地带，它们会随机靠近其他麻雀，从而保证种群的安全。K 表示转移方向。

(3) SSA 算法流程

SSA 算法流程图如图 5-17 所示，算法主要流程如下：

① SSA 算法参数初始化；

② 各虚拟麻雀适应度值计算；

③ 更新发现者的位置；

④ 更新搜捕者的位置；

⑤ 更新警戒者的位置；

⑥ 再对各虚拟麻雀适应度值进行计算；

⑦ 获取 SSA 迭代次数，确定其是否达到设定值，若已完成迭代，则系统输出具有全空间最佳适应度值的虚拟麻雀的位置，否则跳转至第③步继续迭代。

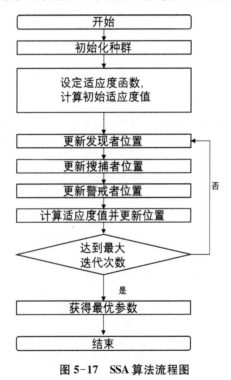

图 5-17　SSA 算法流程图

5.3.3　基于麻雀搜寻算法的变分模态分解

(1) 包络熵

以最小包络作为麻雀搜寻算法的适应度函数，包络熵可用来表示原始信号的稀疏特性，包络熵越小，代表 IMF 中所含的特征信息越多，反之，则代表 IMF 中的信息越少。

假设时间信号 $x(m)$ 的长度为 M，则其包络熵 E_p 定义如下：

$$P_m = \frac{a_m}{\sum\limits_{m=1}^{M} a_m} \tag{5-29}$$

$$E_p = -\sum_{m=1}^{M} P_m \times \lg P_m \tag{5-30}$$

其中，$m = 1, 2, \cdots, M$，a_m 为 $x(m)$ 的包络信号，将 a_m 归一化处理可得到 P_m。

(2) SSA-VMD 算法流程

在 VMD 分解中，随着 $[K, \alpha]$ 的不断迭代，会产生多个包络熵，当包络熵值为最小值时，得到的参数组合为最后参数组合，适应度函数选择包络熵的最小值，图 5-18 所示为 SSA-VMD 算法流程图。

SSA-VMD 算法主要流程如下：

① 限制参数 K 和 α 范围，并对 SSA 的参数进行初始化处理；

② 计算适应度函数值，找到当前适应度最优、最差个体；

③ 对种群中的发现者、搜捕者与警戒者进行位置更新；

④ 判断是否终止，若不终止，重复执行②至④；

⑤ 得到优化参数组合 $[K, \alpha]$。

(3) 振动信号分解

实验采用的数据为美国凯斯西储大学轴承数据，信号采样频率设置为 12 000 Hz，在转速为 1 750 r/min 条件下，对故障直径为 0.177 8 mm，载荷数为 3 的轴承内、外滚道和滚动体故障信号进行分析与验证，截取四种不同状态（正常状态和

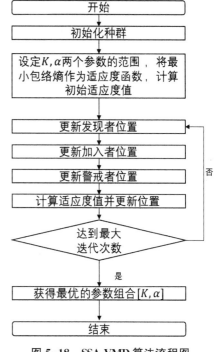

图 5-18　SSA-VMD 算法流程图

三种故障状态）的信号数据点 12 000 个，图 5-19(a)、(b)、(c) 分别为不同故障状态下滚动轴承振动加速度信号的时域图（载荷系数为 2，缺陷参数为 0.017 78 cm）。

采用 SSA-VMD 算法对四种不同状态的信号进行分解，设置参数 $\tau = 0$，$tol = 1 \times 10^{-7}$，设置三者种群大小均为 $n = 10$，系统参数范围 $\alpha \in [200, 3\,500]$，$K \in [3, 10]$，最大迭代次数 $iter_{\max} = 50$。对于麻雀搜寻算法，设置安全阈值 $ST = 0.8$，种群中发现者比例 $PD = 0.7$，警戒者比例 $SD = 0.2$。图 5-20 所示为内圈故障对应的 SSA-VMD 优化迭代图，可以看出在第 12 次迭代时就得到了最佳适应度值约为 7.315 88，根据适应度函数最小值可得到与之对应的优化参数组合。

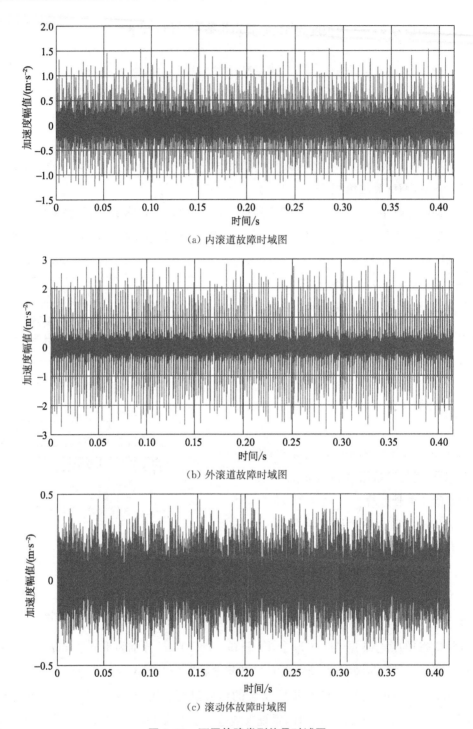

（a）内滚道故障时域图

（b）外滚道故障时域图

（c）滚动体故障时域图

图 5-19 不同故障类型信号时域图

利用 SSA-VMD 得到的不同状态下的优化参数组合 $[K,\alpha]$ 如表 5-11 所示，正常状态对应参数组合为 $[10,1765]$、内圈故障为 $[5,1272]$、外圈故障为 $[6,526]$、滚动体故障为 $[9,1647]$。

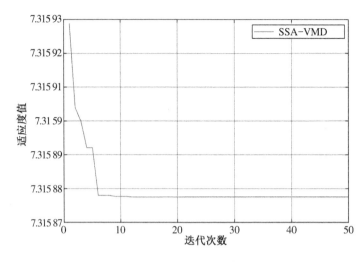

图 5-20　SSA 优化迭代图

表 5-11　VMD 优化参数组合

状态	最优参数组 $[K, \alpha]$
正常状态	$[10, 1\,765]$
内圈故障	$[5, 1\,272]$
外圈故障	$[6, 526]$
滚动体故障	$[9, 1\,647]$

利用得到的参数组合进行 VMD 分解，分解后各 IMF 分量的时域图和频域图如图 5-21(a)、(b)、(c)所示。如图 5-21(a)所示，左图为各 IMF 分量的时域图，右图为各 IMF 分量的频域图，可以看出，各 IMF 分量基本没有出现明显的频率混叠现象，得到 IMF 分量则是为后续的特征提取做准备。

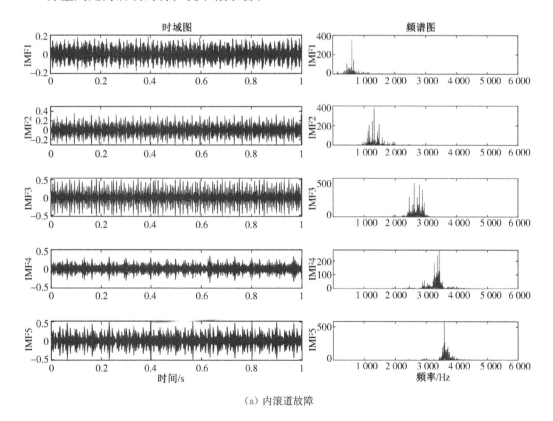

（a）内滚道故障

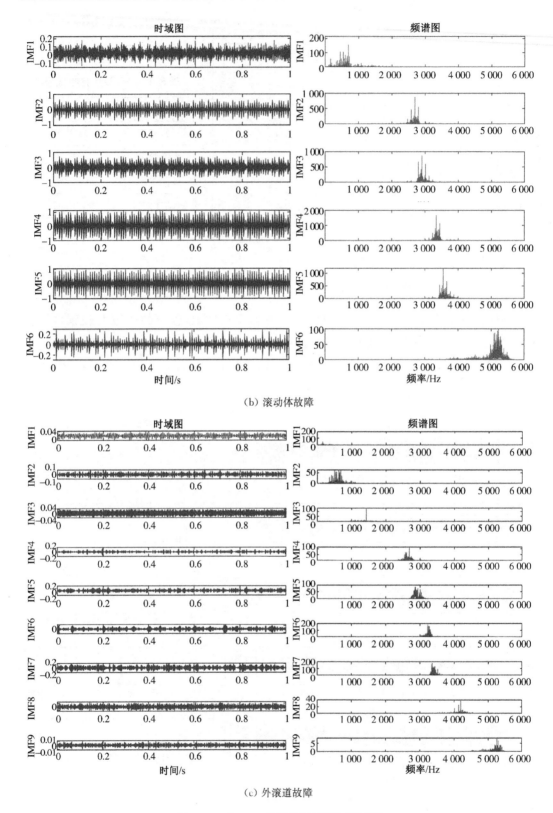

（b）滚动体故障

（c）外滚道故障

图 5-21　各 IMF 分量的时域图和频域图

5.3.4　特征提取

前面利用 SSA-VMD 方法对振动信号进行分解,得到了若干个 IMF 分量,现对各个 IMF 分量进行筛选,再计算筛选出的 IMF 分量的特征值,从而构建特征矩阵。

(1) 能量熵

VMD 分解模态分量中包含了敏感信息,当轴承发生故障时,信号的瞬时能量会发生变化,所以各分量的能量熵值可以作为轴承故障特征向量。

能量熵的计算步骤如下:

① 对各 IMF 分量 $u_i(t)$ 的能量 E_i 进行计算,如式(5-31)所示:

$$E_i = \int_{-\infty}^{+\infty} |u_i(t)|^2 \mathrm{d}t \quad i = 1, 2, \cdots, k \tag{5-31}$$

② 计算其总能量 E,如式(5-32)所示:

$$E = \sum_{i=1}^{k} E_i \tag{5-32}$$

③ 计算每个分量的能量所占比例 p_i:

$$p_i = \frac{E_i}{E} \tag{5-33}$$

④ 最后得到能量熵 H,如式(5-34)所示:

$$H = -\sum_{i=1}^{k} -p_i \times \lg p_i \tag{5-34}$$

(2) 近似熵

近似熵是一种新的度量序列复杂性的方法,当轴承的工作状态发生改变时,振动信号的频率分布会发生不同的变化,同样近似熵在振动信号不同频带的分布也会发生相应的变化,以此作为特征量便可实现轴承不同工作状态的判别。

假设的原始数据为 $\{x(i), i = 0, 1, \cdots, N\}$,设定维数 m 和相似容限 r 的值,近似熵的计算步骤如下:

① 将序列 $\{x(i)\}$ 按顺序组成 m 维向量 $y(i)$。

$$y(i) = [x(i), x(i+1), \cdots, x(i+m-1)], i = 1, 2, \cdots, N-m+1 \tag{5-35}$$

② 计算 $y(i)$ 与 $y(j)$ 间的最大距离 $d[y(i), y(j)]$。

$$d[y(i), y(j)] = \max_{k=0\sim m-1} |x(i+k) = x(j+k)| \tag{5-36}$$

③ 统计 $d[y(i), y(j)] < r$ 的数目,记作 n,并根据式(5-37)计算 $c_i^m(r)$。

$$c_i^m(r) = \frac{n}{N-m+1}, \quad i, j = 1, \cdots, N-m+1, \quad i \neq j \tag{5-37}$$

④ 先对 $c_i^m(r)$ 取对数,再求其平均值,记作 $H^n(r)$。

$$H^n(r) = \frac{1}{N-m+1} \sum_{i=1}^{N-m+1} \ln c_i^m(r) \tag{5-38}$$

⑤ 再重复①~④的过程,得到 $H^{n+1}(r)$。

⑥ 定义 P 为时间序列的近似熵。

$$P(m, r, N) = H^n(r) - H^{n+1}(r) \tag{5-39}$$

m 和 r 都是会影响近似熵的参数,在一般情况下 m 的取值为 2,r 的值取在 0.1 和 $0.25SD(x)$ 之间,$SD(x)$ 是序列的标准差。

(3) 构建特征矩阵

利用 SSA-VMD 算法将振动信号分解成 K 个 IMF 之后,根据相关系数大小筛选出三个模态分量,表 5-12 所示数据为利用 SSA-VMD 算法得到的一组不同状态下的各模态分量的相关系数。

表 5-12 各模态分量的相关系数

相关系数	IMF1	IMF2	IMF3	IMF4	IMF5	IMF6	IMF7	IMF8	IMF9	IMF10
正常状态	0.491	0.224	0.799	0.302	0.181	0.072	0.051	0.042	0.032	0.031
内圈故障	0.271	0.474	0.639	0.407	0.564	—	—	—	—	—
外圈故障	0.261	0.482	0.209	0.644	0.675	0.161	—	—	—	—
滚动体故障	0.050	0.085	0.471	0.386	0.373	0.538	0.579	0.282	0.093	—

对于各模态分量,按照相关系数大小筛选出相关系数大的三个分量,则正常状态选择 IMF1、IMF3、IMF4,内圈故障选择 IMF2、IMF3、IMF5,外圈故障选择 IMF2、IMF4、IMF5,滚动体故障选择 IMF3、IMF6、IMF7。

通过计算,得到筛选的三个 IMF 分量对应的中心频率,记作 $[\omega_1 \quad \omega_2 \quad \omega_3]$,各分量对应的能量熵 $[H_1 \quad H_2 \quad H_3]$,各分量对应的近似熵 $[P_1 \quad P_2 \quad P_3]$,将轴承的每种状态取 200 组数据,构建一个 $[\omega \quad H \quad P]_{800 \times 9}$ 的特征矩阵。

采用 t-随机邻近嵌入算法(t-distributed Stochastic Neighbor Embedding,t-SNE)绘制特征矩阵可视化图,该算法一般用于将高维空间的数据映射到低维空间中,并保留数据集的局部特性,主要用于高维数据的可视化。图 5-22 为特征矩阵的可视化图。利用 t-SNE 算法将特征矩阵由九维降到三维,图中坐标分别为中心频率(x 轴)、能量熵(y)及近似熵(z)的归一化值。图中用不同符号代表不同状态,其中 × 表示正常状态,○ 表示内圈故障,□ 表示滚动体故障,* 表示外圈故障,可以看出每种状态都有聚类的特点,为方便观察特征的聚类效果,将可视化图从不同角度展示,图 5-22(a) 为 xy(视图水平面)及 z 方向视图,图 5-22(b) 为 z 及 yx 方向视图。

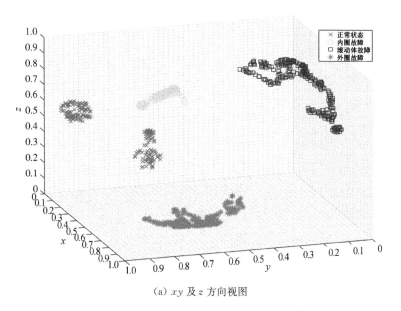

（a）xy 及 z 方向视图

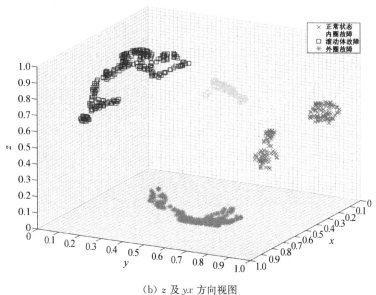

（b）z 及 yx 方向视图

图 5-22　特征矩阵可视化图

5.3.5　故障类型及程度分类

(1) 故障类型分类

将特征矩阵作为 MLP 神经网络的输入,选择不同故障状态的数据各 200 组,共 800 组数据,将数据随机打乱,选择其中 640 组数据作为训练集,剩卜 160 组作为测试集,为方便描述,将四个特征标记为1、2、3、4,如表5-13所示。

表5-13　故障类型数据详细情况

数据类型	样本总数	标签
正常状态	200	1
内圈故障	200	2
外圈故障	200	3
滚动体故障	200	4

此研究选择凯斯西储大学轴承数据中不同状态下的振动信号为原始数据,用SSA-VMD算法提取出特征参数,通过计算得到特征矩阵并将其作为MLP故障诊断模型的输入,定义输出标签为1、2、3、4,分别对应轴承的四种状态。表5-14所示为其中一组样本的数据,算法利用此数据进行训练和测试。

表5-14　故障类型样本输入输出

故障类型	输入									输出
	ω_1	ω_2	ω_3	H_1	H_2	H_3	P_1	P_2	P_3	
正常状态	0.167 9	0.236 4	0.364 2	0.056 7	0.007 8	0.001 2	0.000 6	0.000 1	0.000 2	1
内圈故障	0.219 4	0.288 3	0.308 5	35.046	27.206	71.285	0.117 4	0.092 5	0.177 0	2
外圈故障	0.216 2	0.278 1	0.314 9	30.181	16.561	25.652	0.111 2	0.060 9	0.157 2	3
滚动体故障	0.048 5	0.220 7	0.273 7	1.479 3	1.930 7	7.905 1	0.007 5	0.000 8	0.024 4	4

在实际进行轴承故障诊断时,选用神经网络实现模式识别,首先要确定MLP的结构,包括网络的隐含层数目、隐含层节点个数、输入输出层节点个数以及网络主要参数的设定。

隐含层神经元选择公式如下:

$$h = \sqrt{m+n} + a \tag{5-40}$$

式中,h为隐含层神经元节点个数,m为输入层神经元个数,n为输出层神经元个数,a为[1,10]中的随机数,本案例经过多次实验,确定隐含层神经元的个数为8。根据所提取的特征向量个数,确定输入节点数为9个,将待诊断轴承的状态分为正常、内圈故障、外圈故障、滚动体故障四种,输出层的节点个数相应地定为4,最终网络结构设定为9×8×4,如图5-23所示。

表5-15为神经网络参数设置表,设置迭代次数为1 000,目标误差为10^{-6},学习率为0.01,激活函数为tansig,训练函数为traingd。

表 5-15 参数设置表

迭代次数	目标误差	学习率	激活函数	训练函数
1 000	10^{-6}	0.01	tansig	traingd

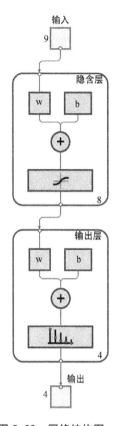

图 5-23 网络结构图

测试集分类结果的准确率计算公式如式(5-41)所示。

$$Accuracy = \frac{n}{N} \times 100\% \qquad (5-41)$$

式中, n 为预测正确的样本数, N 为总样本数。

选择不同故障类型的数据进行故障识别,从 800 组特征数据中随机选取 80% 作为训练集,剩下的 20% 作为测试集,得到的测试集样本实际分类与预测分类对比图如图 5-24 所示,其中输出标签 1、2、3、4 对应轴承的四种状态,图中用 * 表示预测的类型,用 ○ 表示真实的类型,两者重合则表示预测值和真实值相同,即表明预测正确,最后根据式(5-41)计算得到分类的准确率为 88.125%。

神经网络的具体分类结果可以由混淆矩阵得到,测试集的分类的正确的个数和正确率如表 5-16 所示,可以看到正常状态和内圈故障可以被有效识别并分类,但是该神经网络对外圈故障和滚动体故障的识别效果不是很理想。

表 5-16 MLP 测试集识别结果

状态	样本数量	识别正确数量	测试集准确率/%
正常状态	19	18	94.7
内圈故障	62	60	96.8
外圈故障	39	33	84.6
滚动体故障	40	30	75.0

优化 MLP 的分类结果如图 5-24 所示,相比于未优化的 MLP 故障诊断模型而言,优化后的模型诊断准确率得到了大幅度的提升,其中 SSA-MLP(麻雀搜寻算法优化的多层感知器)的准确率达到了 98.125%,诊断效果很好,PSO-MLP(粒子群算法优化的多层感知器)和 WOA-MLP(鲸鱼算法优化的多层感知器)的效果也较为理想,准确率均超过了 95%。

将每个 MLP 故障诊断模型分别运行 10 次并记录其准确率,结果如表 5-17 所示,可以看出在这些分类模型中,未优化的 MLP 模型诊断准确率为 86.32%,SSA-MLP 模型与未优化的 MLP 相比,准确率得到了大幅度提升,与 PSO-MLP 模型和 WOA-MLP 相比,无论是诊断时间还是准确率都得到了提高,而 PSO-MLP 模型与 WOA-MLP 模型的准确率相差不大,但 PSO-MLP 的诊断时间更短。在上述模型中,SSA-MLP 模型在诊断时间和准确率方面具有 定优势。

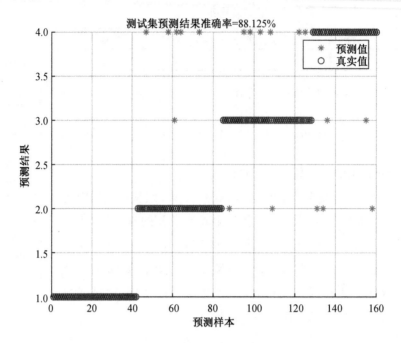

图 5-24　MLP 故障类型分类结果

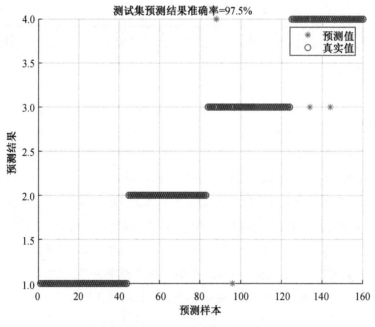

（a）PSO-MLP 故障类型分类结果

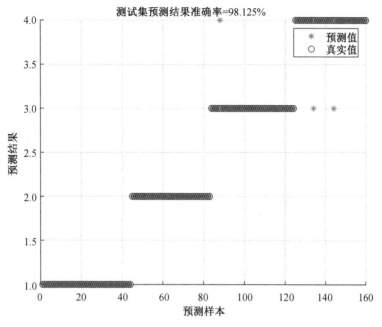

（b）SSA-MLP 故障类型分类结果

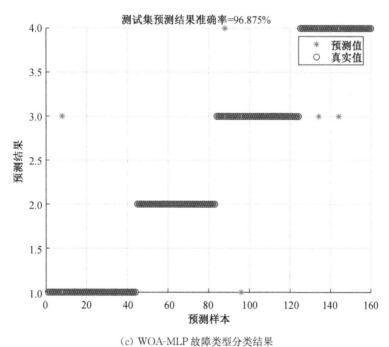

（c）WOA-MLP 故障类型分类结果

图 5-25 优化 MLP 故障类型分类结果

表 5-17　MLP 故障类型分类测试集结果

分类模型	准确率/%			时间/s
	最低	最高	平均	
MLP	83.31	89.13	86.32	3.58
PSO-MLP	95.50	98.81	96.88	33.13
SSA-MLP	96.75	99.94	98.63	24.01
WOA-MLP	96.19	99.50	97.81	37.10

（2）故障程度分类

将特征矩阵的部分数据作为 MLP 神经网络的输入，以内圈故障为例，选择不同故障尺寸下数据各 100 组，共 400 组数据，将数据随机打乱，选择其中 320 组数据作为训练集，剩下 80 组作为测试集。如表 5-18 所示，为方便描述四种故障尺寸分别对其标记为 1、2、3、4。

表 5-18　故障程度数据详细情况

故障尺寸/mm	样本总数	标签
0.177 8	100	1
0.355 6	100	2
0.533 4	100	3
0.711 2	100	4

选择凯斯西储大学轴承数据中不同状态下的振动信号为原始数据，用 SSA-VMD 提取出特征参数，通过计算得到的特征矩阵并将其应用到故障预测模型中作为输入，对内圈故障的 4 种不同故障程度进行编码作为输出。表 5-19 展示了其中一组样本的数据。

表 5-19　故障程度样本输入输出

故障尺寸/mm	输入									输出
	ω_1	ω_2	ω_3	H_1	H_2	H_3	P_1	P_2	P_3	
0.177 8	0.110 6	0.234 1	0.379 3	19.494 2	30.189 3	1.348 5	0.208 0	0.054 4	0.000 9	1
0.355 6	0.115 4	0.227 3	0.311 3	20.734 1	46.947 2	3.835 6	0.220 3	0.100 5	0.158 9	2
0.533 4	0.112 6	0.284 9	0.378 1	23.389 2	19.298 5	1.521 0	0.244 3	0.071 5	0.001 4	3
0.711 2	0.211 4	0.318 8	1.120 6	28.598 0	67.420 9	2.113 1	0.238 6	0.343 0	0.025 7	4

根据所提取的特征向量个数，确定输入节点数为 9 个，将待诊断轴承的故障程度分为如表 5-19 所示的四种，输出层的节点个数相应地定为 4 个，最终网络结构设定为 $9 \times 8 \times 4$。迭代次数为 1 000，目标误差为 10^{-6}，学习率为 0.01，激活函数为 tansig，训练函数为 traingd。选择不同故障类型的数据进行故障识别，以内圈故障为例，从得到的 300 组特征数据中随机选取 80% 作为训练集，剩下 20% 作为测试集，得到的测试集样本实际分类与预测分类对比图如图 5-25 所示，图 5-25(a)、(b)、(c) 和 (d) 分别代表未优化的 MLP、PSO-MLP、SSA-MLP 和 WOA-MLP 的故障程度分类测试集结果。其中，输出标签 1、2、3、4 对应内圈故障的四种损伤尺寸。

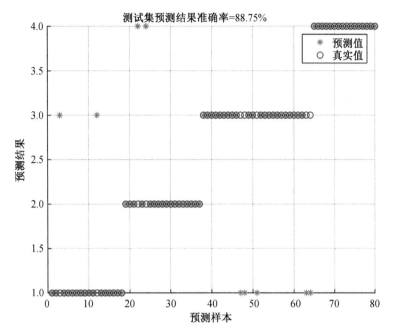

（a）MLP 故障程度分类结果

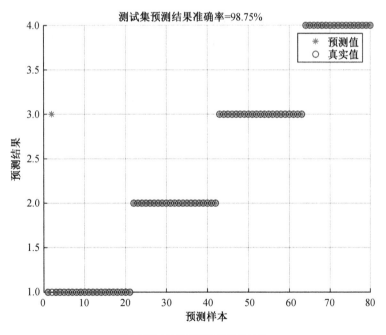

（b）SSA-MLP 故障程度分类结果

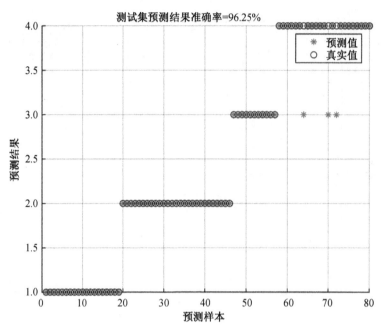

（c）PSO-MLP 故障程度分类结果

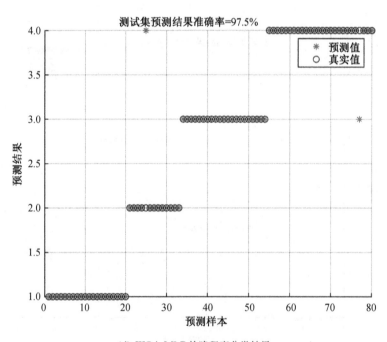

（d）WOA-MLP 故障程度分类结果

图 5-26　测试集故障程度分类结果

将每个 MLP 故障诊断模型分别运行 10 次并记录其准确率,得到未优化的 MLP 模型、PSO-MLP 模型、SSA-MLP 模型和 WOA-MLP 模型的分类结果如表 5-20 所示。从分类结果来看,本案例建立的 MLP 滚动轴承故障诊断模型不仅对故障的分类有效,还能识别出轴承故障程度,其中未优化的 MLP 平均准确率为 90.58%,与未优化的 MLP 相比,三种优化算法的准确率都有较大的提高,其中 SSA-MLP 的准确率最高,达到了 98.75%。

表 5-20 MLP 故障程度分类测试集结果

分类模型	准确率/%			
	内圈	外圈	滚动体	平均
MLP	90.75	91.25	89.75	90.58
PSO-MLP	97.75	98.00	97.25	97.66
SSA-MLP	98.75	98.50	99.00	98.75
WOA-MLP	97.00	97.75	96.50	97.08

总结

本案例采用 MLP 神经网络对滚动轴承振动加速度信号进行了一系列有效的实验研究。利用 MLP 对轴承进行故障诊断时会陷入局部最优,导致轴承故障诊断精度过低。案例针对上述问题,给出了用 WOA 优化 MLP 的方法。在 MLP 中引入 WOA 智能优化算法,利用 WOA 的特点来对 MLP 的权值和阈值进行更新,能有效地避免 MLP 神经网络的缺点,提高滚动轴承故障诊断的精度,同时缩短轴承故障诊断时间。

但要注意以下几个问题:

(1) 案例中,MLP 神经网络学习使用的滚动轴承振动加速度信号来自公开的实验数据(美国凯斯西储大学提供,滚动轴承型号为 SKF6250),数据经过重组及重新编排用于实际的 MLP 构建训练实验。

(2) 构建 MLP 神经网络初期,各节点间连接权值为随机取值,隐含层节点数为 9,学习速率根据需求递进调整,节点反馈值设置为 0。

案例使用说明

(1) 适用范围

适用对象：机械专业学位研究生或高年级本科生，相关的技术人员等。

适用课程：机械故障诊断学、专业综合实验专题等。

(2) 教学目的

通过构建 MLP 神经网络，利用相关数据进行分类实验，使学生拓展所学知识，加深对智能化故障诊断方法的理解；了解数据采集、处理的基本方法，掌握构建神经网络模型的方法，并构建合理、有效的分类器；能够运用所学知识及相关软件（MATLAB）进行相关实验，解决生产实际问题。

(3) 教学准备

① 简要介绍美国凯斯西储大学实验数据库，数据处理的相关技术等。

② 简要介绍利用 MATLAB 构建 MLP 神经网络的原理、方法及存在的主要问题。

(4) 案例分析要点

案例分析涉及的主要知识点包括以下几个方面：

① 滚动轴承振动信号的测试方法及数据处理方法；主要特征频率的概念及计算方法。

说明：结合课程进度对部分内容及相关知识进行讲解，重点要讲解轴承结构、特征频率产生的机理和计算公式的推导。

② 滚动轴承出现局部缺陷或故障时，分三种情况详细讲解并讨论振动信号的频率特点，即外圈外滚道局部缺陷、内圈内滚道局部缺陷，以及滚动体局部缺陷、凹坑或剥落点。

③ 相关的前沿技术的介绍及评价。

说明：这部分是案例分析的重点内容，也是主要的技术难点。给定原始数据，学生计算各特征频率，并形成实验数据库，进行 MLP 网络构建及相关的学习，教师再根据实验结果及存在的问题进行讲解。

简要介绍目前智能诊断技术发展状况及相关的前沿技术，特别要指出该技术目前在解决生产实际问题时的局限性。

(5) 教学组织方式

① 主要内容

特征频率的基本概念；振动信号处理的基本过程及原理，振动信号处理在机器运行状态监测及故障诊断中的应用；数据库构建方法，以及运用 MATLAB 进行 MLP 网络建设或运算的基本方法。

② **教学资料**

案例教案(讲义),原始数据(含有电动机驱动端及风扇端振动信号的数据库),有明确注释的数据处理程序(MATLAB)及教学案例正文。

③ **课时分配**

教学内容与课时分配如表 5-21 所示,案例教学的内容主要包括案例背景及相关知识的讲解,重点要进行案例主体部分的展开,主要的教学方式有课堂讲解及讨论,之后进行应用总结。应用总结时应具体阐述利用上述方法计算获得的统计参数(特征)及其应用。

④ **讨论方式**

以小组讨论为主,如果班级人数在 20 人以下,则不分组,由教师引导学生讨论。讨论时要围绕案例主线开展,讨论内容以神经网络建设方法及分类实验为主。

由教师引导学生做出总结,具体阐述构建 MLP 网络、形成训练数据库及分类实验的原理和方法,并对利用 MLP 网络进行分类的具体效果进行评价。

表 5-21　案例教学内容及课时分配

教学内容提要	时间分配	教学方法与手段设计
1. **背景及相关知识** (1) 行业及企业背景介绍 (2) 案例涉及的基本概念及数据处理方法 2. **案例分析** (1) 数据处理及 MLP 网络分类实验(MATLAB) (2) 应用总结	4 min 4 min 30 min 10 min	运用提出问题、启发等方法引出分类器及 MLP 的概念; 回顾机械故障诊断学中的相关概念及方法; 案例讲解和课堂讨论,注意要围绕案例主线问题

练 习 题

(1) MLP 被称为多层感知器,主要分为三层,其中首层是输入层,中间是隐含层,最后是输出层。实际应用中,一般各层的节点数如何选择?

(2) 多层感知器中,节点输出或神经元的输出常使用激励函数,如常用的有 Sigmoid 函数,试说明 Sigmoid 函数的基本特性。

(3) 经过学习或训练的 BP 网络,通常要达到设定的目标值。一般如何设定这个目标值? 最终的学习或训练成果是什么,或者说改变了网络的哪些参数?

6 润滑油液磨损残余物的监测

摘要：如同血液之于人体的器官，润滑液在机器中循环流动，必然携带有机器中零部件运行状态的大量信息。透过这些信息，我们可以得知机器中零部件磨损的类型、程度、具体位置（部件）及磨损原因，预测机器的剩余寿命，从而进行有计划的维修。为理解润滑油样分析的基本原理及其应用方法，本章列举了四个典型的应用案例，包括应用分析式铁谱仪监测滚动轴承和柴油机的运行状态，利用直读式铁谱仪监测齿轮箱和飞机发动机的磨损状态。案例中详细介绍了如何具体应用磨损总量及磨损烈度指标进行趋势分析，来预测机器的磨损状态及实际工况。

关键词：铁谱分析；状态监测；磨损残余物

背景信息

在机械设备运行状态监测与故障诊断技术中，油液监测诊断技术最能体现现代机械设备状态监测的发展趋势与特点，这主要是由于它可以满足机械设备诊断的 4 个基本要求：

（1）指出故障发生的部位；

（2）确定故障的类型；

（3）解释故障产生的原因；

（4）预告故障恶化的时间。

油液监测诊断技术中，铁谱技术以其对磨粒分离的简便性、沉积的有序性、观测的多样性以及对大磨粒的敏感性等优点而在机械设备状态监测与故障诊断中得到了广泛应用。

案例正文

6.1　齿轮箱磨损状态监测

齿轮传动是机械系统中应用最广的传动机构之一,也是最重要的组成部分之一,它的运行状态将直接影响机械系统的工作状况。近年来,铁谱诊断技术在齿轮磨损状态的监测与故障诊断方面应用较多,也较为成功。

图 6-1 展示了齿轮工作状况及对应的失效形式。图 6-1(b)中横坐标齿轮工作线速度,纵坐标齿轮工作载荷(或扭矩),这两个参数的大小将决定齿轮的工作状况及其主要失效形式。

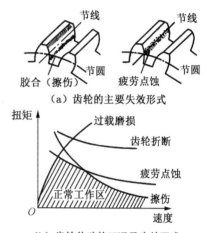

(a) 齿轮的主要失效形式

(b) 齿轮传动的工况及失效形式

图 6-1　齿轮传动的工况及失效形式

(1) 过载磨损线的左侧表示齿轮磨损是因低速重载的工作条件造成齿面润滑油膜破裂而产生的。此时生成的磨粒为尺寸很大的片状游离金属磨粒,但因疲劳点蚀度低,故齿轮没有因表面擦伤或发热而产生氧化的痕迹。

(2) 齿面速度较高时容易形成润滑油膜,因此齿轮可以承受较高的工作载荷。但若载荷(扭矩)超过疲劳点蚀线就会在速度齿轮节线附近产生疲劳点蚀磨损。载荷更高时,如果超过一定限度还会造成齿轮折断。

(3) 如果齿轮工作速度增大,进入擦伤线的右侧,齿轮就会产生严重的擦伤或胶合磨损。此时,因为齿面润滑油膜破裂造成齿面拉毛,伴随着严重的发热,会出现明显的表面氧化磨损。

(4) 无论是疲劳点蚀还是擦伤磨损,一旦发生,磨粒的产生速率就会增加,使齿轮润滑油中的磨粒浓度很快升高。

采用分析式铁谱技术对磨粒进行观察分析,对于识别磨损类型十分有效。铁谱技术用于监测与诊断,可以预测齿轮传动异常磨损的发生和磨损状态的转变。

图 6-2 是采用铁谱技术监测齿轮箱磨损状态的结果图。图 6-2(a)、(b)和(c)分别为大、小磨粒铁谱读数 D_L、D_S 和磨损烈度指数 I_S 与齿轮工作时间的关系曲线图。从图中可以看出,齿轮箱磨合时磨损率较高,随着齿轮箱磨合过程的结束,磨损率下降并趋于稳定,

在齿轮箱进入破坏性磨损期时其磨损率又迅速增大。

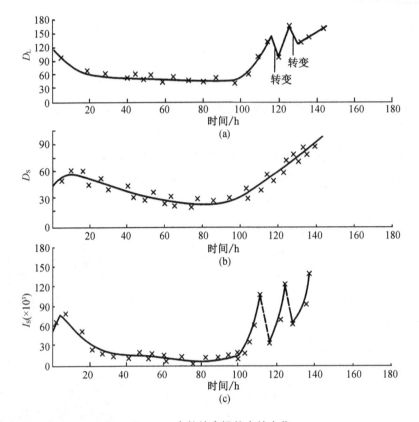

图 6-2 齿轮箱磨损状态的变化

国内外铁谱研究者应用铁谱技术对齿轮传动磨损状态的监测结果表明,齿轮传动按运动寿命可分为磨合磨损、正常磨损和异常磨损(非正常磨损)三个阶段。异常磨损又可进一步分为过载、过速和疲劳三种类型。每个阶段和每种类型均会产生特定的特征磨粒,因此可根据磨粒的尺寸、尺寸分布、数量、成分和形貌等识别不同的磨损阶段和类型。

(1) 磨合磨损

齿轮磨合过程是机加工表面向光滑表面转化的过程。带有加工划痕表面的磨合,会产生细长的游离金属磨粒,通常磨粒的长宽比约为 5∶1。磨粒的实际尺寸和厚度取决于轮齿表面的粗糙度,即加工划痕的几何形状。磨合磨损与正常磨损相比,磨粒数量大约多 2 倍,且大磨粒与小磨粒的数量比较多。

(2) 正常磨损

大量的齿轮正常磨损磨粒是薄片状的游离金属磨粒,通常长宽比为 2∶1,长度与厚度比为 10∶1。磨粒长度低于 15 μm,大部分在 2 μm 以下。

(3) 疲劳磨损

齿轮疲劳剥落磨损的磨粒是表面光滑的片状游离金属磨粒,其长宽比约为 6∶1,长度与厚度之比约为 5：1。磨粒的长度可达 150 μm。长度大于 15 μm 的大磨粒的长度一般在 15～25 μm 范围内。大磨粒与小磨粒（<2 μm）的数量比很高，约为 1：50 或更高。磨粒的总量大约是正常磨损时的 3～5 倍。

（4）过载磨损

低速齿轮的过载磨损磨粒是片状的游离金属磨粒，其长度与厚度比约为 10：1。磨粒长度可达 1 mm，这取决于过载程度。初始过载时会产生 150 μm 或稍小的磨粒。大磨粒与小磨粒的数量比随载荷增加而加大，磨粒总量大大高于正常磨损时的总量，磨粒表面常显出滑动的擦痕。

（5）过速磨损

过速会造成轮齿的擦伤或胶合，过速时产生的磨粒是游离的金属片粒，带有一些表面氧化的迹象。麻粒长度与厚度比约为 10：1，磨粒的尺寸在 150 μm 以下，大磨粒与小磨粒的数量比较低，为 1：500 或更低，磨粒的总量比正常磨损时大。

6.2 柴油机磨损状态监测的应用

柴油机磨损状态的铁谱监测,目前已应用于铁路机车、船舶、舰艇等设备的柴油机工况监测。柴油机是一种摩擦副多、润滑状态复杂、工作条件恶劣(高温、往复、变速)、使用材料种类多的机械设备。据统计,一台 6 缸柴油发动机的摩擦副有 600 对以上,而每一对摩擦副的润滑状态又随着运转参数的变化而变化。长期以来,柴油机的磨损,特别是柴油机中三大摩擦副(缸套-活塞环、凸轮-挺杆、曲轴-轴承)的磨损一直是影响柴油机性能和使用寿命的关键问题。因此,研究在不解体、不停车的情况下对柴油机润滑油进行定量抽样检查的技术,以监测其磨损状态、预防和诊断机械故障、提高运行可靠性,具有极其重要的意义。

目前应用铁谱技术来监测柴油机的磨损状态和进行故障诊断的实际应用主要有如下几个方面:

(1) 分析柴油机的磨损类型和识别磨损部件

目前,应用铁谱片加热法已能分析柴油机的磨损类型并识别其磨损部件。例如,用某台船用柴油机油样制备的铁谱片,经加热至 330 ℃后,其大部分磨粒呈现出草黄回火色,表明此时柴油机的磨粒是铸铁材料磨粒。经观察发现,大部分磨粒已经被严重氧化,且铁谱片加热前一些磨粒有回火色斑点,这些现象表明这些磨粒的出现是高温磨损所致,据分析可能是由润滑不良引起。此外,经监测发现磨粒的数量比正常状态下多得多,尺寸也大得多,说明柴油机已开始发生异常磨损。

对该船的柴油机油样进行铁谱分析还发现了大量磨损磨粒,且磨粒呈现有蓝色的回火色斑点,此外还有大的暗金属氧化物磨粒,表面呈灰白色,与钢磨粒加热至 550 ℃后颜色特征相同。上述现象表明,在这些磨粒生成过程中,它们的表面已产生了一层厚的氧化膜,说明当时的磨损状态已进入异常状态。在取出上述油样数周后,柴油机便发生了因一个汽缸油路堵塞而使其咬死损坏的严重故障。

(2) 柴油机的磨损状态监测及工况诊断

通过定量铁谱分析可以监测柴油机的磨损状态以及设备工况的磨损率,从而给出柴油机的磨损趋势图并进行工况诊断。

在进行机械设备状态监测时,不同的机械设备、不同的工况对应不同的磨损趋势图。通常,通过对监测对象进行长期监测,并记录特定工况条件下设备的磨损趋势图,可以制定出合理的正常磨损基准线和非正常磨损监督线以及严重磨损的限制线,从而为设备的现场状态监测提供判断准则。图 6-3 所示为磨损工况变化趋势图,图中取某设备稳定磨损工况阶段多次测量的烈度指标 I_S 值的平均值 $\bar{I}_S$ 为基准线值,取该基准线值与 3 倍的测量值的偏差值之和为限制线值。I_S值的平均值$\bar{I}_S$及偏差值s可由下式求得：

$$\bar{I}_S = \frac{1}{n}\sum_{i=1}^{n} I_{Si} \tag{6-1}$$

$$s = \sqrt{\frac{1}{n-1}\sum_{i=1}^{n}(I_{Si}-\bar{I}_S)^2} \tag{6-2}$$

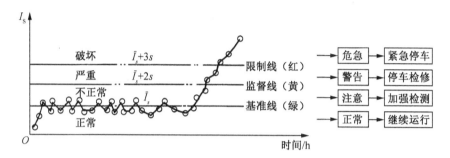

图 6-3 磨损工况的变化趋势

某汽车制造厂利用铁谱分析方法来研究缩短汽车发动机调试磨合的时间的方法。该厂生产的汽车发动机原先始终采用三阶段总计 55 min 的磨合规程(冷拖 20 min→空运转 15 min→低负荷运转 20 min)。由于汽车生产量的迅速增长以及发动机设计与制造工艺水平的提高,完全有可能也非常有必要缩短调试磨合时间。经试验研究表明,该厂生产的发动机调试磨合规程由原来的 55 min 缩短为 35 min(冷拖 10 min→空运转 15 min→低负荷运转 10 min),缩短了 36.4%。为了检验这一暂行规程的磨合效果及探讨进一步缩短调试磨合时间的可能性,汽车制造厂利用铁谱分析方法进行了多种调试磨合方案的试验研究,最终将磨合时间进一步缩短到 20 min,效率提高了 175%。在改进过程中发现,提高零件表面加工质量和清洁度,减少污染颗粒、表面毛刺,加强零件表面清理,提高装配质量,是缩短发动机调试磨合时间的必要条件。

6.3　滚动轴承和滑动轴承磨损状态监测的应用

轴承是各类机器中的重要支承零件,它的失效或损坏将直接影响机器的可靠性。因此,在机器状态监测中,一直将轴承列为监测重点。

近些年来,国内外研究结果表明,当轴承接近疲劳时,球形磨粒的大量出现以及总磨损 $I_G = A_L + A_S$(A_L 与 A_S 分别表示使用直读式铁谱仪得到的磨损颗粒大尺寸与小尺寸的读数)和磨损烈度指数 $I_A = A_L - A_S$ 的突然增大,可视为轴承疲劳剥落的先兆。图 6-4 是对 306 轴承疲劳失效过程监测得到的铁谱曲线。相关研究者总结出了磨损量和磨粒形态与滚动轴承疲劳失效的对应关系,并据此提出提高轴承质量的一些途径。

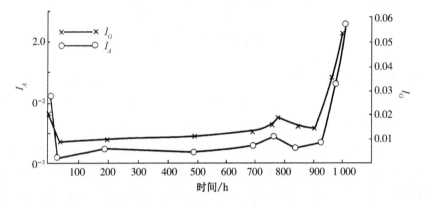

图 6-4　轴承疲劳失效过程的铁谱曲线

用铁谱技术监测滑动轴承的工况也同样有效。美国 Foxboro 公司分析实验室取得了许多这方面的成功应用。例如,其在对一台船用电动机轴承进行监测的过程中,发现从其油腔中取出的油样中含有大量的铜合金磨粒和铁的红色氧化物磨粒,随后对其拆检,发现轴承止推面上的巴氏合金层已发生严重磨损。轴承经重新浇注安装后,油样的直读铁谱读数大大降低。

6.4 飞机发动机磨损状态监测的应用

飞机发动机是一种可靠性和安全性要求极高的机械设备,因而各国都在积极采用各种先进设备对其进行工况监测。目前,铁谱技术已成功地应用于飞机发动机运行状态监测及故障预报。

图 6-5 至图 6-6 是采用直接铁谱仪监测军用飞机发动机工作状态及磨损工况的实例。其中,图 6-5 是根据直读铁谱仪测定的 D_L、D_S 铁谱读数绘制的 I_S-t 趋势图,用于表示飞机发动机的磨损状态及工况,图示曲线表明,No.72 发动机的状态正常,而 No.21 发动机异常,需拆卸检修。

图 6-5 和图 6-6 采用累积总磨损(D_L-D_S)值的趋势分析来预报发动机的磨损状态及工况的实例。这种趋势分析是以时间的函数标绘出发动机的累积总磨损值和累积磨损烈度值的变化曲线,据此来分析与评定发动机的磨损状态和工作状况。监测表明,当累积总磨损值和累积磨损烈度值的曲线随时间而呈稳定升高趋势时(图 6-6),发动机正常工作,

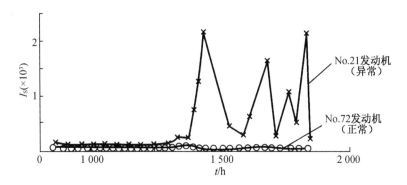

图 6-5 发动机的磨损状态及工况的铁谱监测

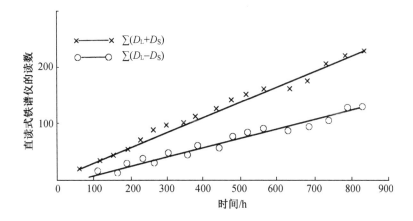

图 6-6 总磨损值和累积磨损烈度值的变化曲线

处于正常的磨损状态。如果这两条曲线的斜率在某一段时间迅速增加,即两条曲线出现相互靠近的趋势(如图 6-7 所示),则表明发动机已发生严重磨损。当两曲线出现交叉时,则表明发动机已开始损坏。通过对两曲线的变化趋势进行分析,研究者已成功进行了多台飞机发动机磨损状态及工况的分析与诊断工作。

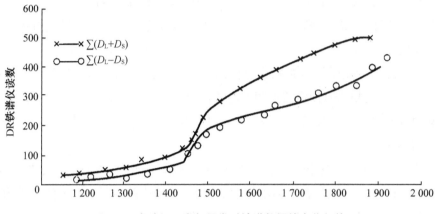

图 6-7　发动机正常与异常时铁谱数据的变化规律

总结

铁谱分析法的具体操作是将油样按照一定的操作规程、步骤,稀释在玻璃试管(直读式)或玻璃基片(分析式)上,利用高梯度强磁场将油样中的磨损微粒按大小有序地分离出来制成铁谱片,然后对微粒的含量、粒度、形貌和成分进行检测与分析。采用这种方法不仅可以确定机械设备的磨损量(大小颗粒数量之和)、磨损剧烈程度(大小颗粒数量之差)和磨损类型,而且可以查明磨损的部位。书中涉及利用铁谱技术进行机器运行状态监测的案例,主要进行了总磨损量($\sum D_\mathrm{L} + D_\mathrm{S}$ 或 $\sum A_\mathrm{L} + A_\mathrm{S}$)和磨损剧烈程度($\sum D_\mathrm{L} - D_\mathrm{S}$ 或 $\sum A_\mathrm{L} - A_\mathrm{S}$)的测试及其变化规律的实验研究。

但要注意以下几个问题:

(1) 分析式铁谱仪采用的微量泵对油样有碾压抛光作用,会影响特征识别;另外,先行的磨损颗粒对流道有阻碍作用,会影响定量分析结果;分析式铁谱仪制谱过程缓慢(1～2 h),且只能在实验室完成。

(2) 直读式铁谱仪结构简单,价格便宜,读谱与制谱合二为一,过程简单,速度快,但重复性、稳定性差,随机干扰多,且只能给出磨损颗粒的大小、分布规律,形貌、成分无法确定。

(3) 一般应用两种铁谱仪进行机器运行状态监测的正确识别率在 $80\% \sim 90\%$ 之间。

案例使用说明

(1) 适用范围

适用对象：机械专业学位研究生或高年级本科生，相关的技术人员等。

适用课程：机械故障诊断学、专业综合实验专题等。

(2) 教学目的

通过应用铁谱技术进行机器运行状态监测的具体案例分析及相关参数的测试，使学生巩固所学的相关知识，加深对铁谱技术分析应用方法，特别是状态监测技术的理解；了解油液采集、处理的基本方法，掌握主要特征参数监测的基本方法。通过案例分析进一步理解解决相关生产实际问题、进行机器运行状态监测的基本方法。

(3) 教学准备

① 简要介绍两种铁谱仪的基本工作原理、基本的机器运行状态监测方法，以及主要参数的获取方法及数据处理、计算的方法及优缺点等。

② 简要介绍三种主要的润滑油液磨损残余物分析方法，即光谱油样分析、铁谱分析及磁塞技术的工作原理、应用及可监测（磨损颗粒的大小、分布、形态及性质）的范围。

③ 案例涉及企业的行业背景、主要产品及其应用；举例说明机器运行状态监测的传统检测方法及存在的问题，特别是这些方法对企业生产效率及经济利益的影响。

(4) 案例分析要点

案例分析涉及的主要知识点包括以下几个方面：

① 机器运行状态监测及特征参数检测的基本方法；磨损残余物（磨损颗粒）检测的基本概念及主要的特征参数。

说明：结合企业生产过程、行业背景等相关知识对部分内容进行讲解，重点要结合三种主要的润滑油液磨损残余物分析方法进行讲解。

② 磨损总量及磨损剧烈程度的概念及主要的特征参数计算方法，包括数据的操作、处理及主要的算法。

③ 相关的前沿技术的介绍及评价。

说明：这部分是案例分析的重点内容，也是主要的技术难点。给定监测数据的曲线，让学生分析、讨论机器相关的运行状态，给出基本的结论，用具体案例的数据及相关的趋势分析给出具体的分析结果，教师再根据结果及存在的问题进行讲解。

简要介绍目前润滑油液磨损残余物分析技术的发展状况及相关的前沿技术，特别要指出该技术目前在解决生产实际问题时的局限性。

(5) 教学组织方式

① 主要内容

铁谱分析技术法的基本原理；数据处理的基本过程及原理，数据处理在机器运行状态监测及故障诊断中的应用。

数据趋势分析原理，运用铁谱仪进行油液磨损残余物分析的操作或运算的基本过程。

② 教学资料

案例教案（讲义），原始数据（四个典型案例的趋势图），有明确注释的数据计算方法及教学案例正文。

③ 课时分配

教学内容及课时分配如表 4-3 所示，案例教学的内容主要包括案例背景及相关知识的讲解，重点要进行案例主体部分的展开，主要的教学方式有课堂讲解及讨论，之后进行应用总结。应用总结时应具体阐述运用上述方法计算获得的统计参数（特征）及应用。

表 4-3 案例教学内容及课时分配

教学内容提要	时间分配	教学方法与手段设计
1. 背景及相关知识 （1）行业及企业背景介绍 （2）案例涉及的基本概念及数据处理方法 **2. 案例分析** （1）数据处理及特征参数分析（趋势特征） （2）应用总结	4 min 4 min 30 min 10 min	用提出问题、启发等方法引出铁谱技术的原理及其应用； 回顾机械故障诊断学中的相关概念及方法； 案例讲解和课堂讨论，注意围绕案例主线问题

④ 讨论方式

以小组讨论为主，如果班级人数在 20 人以下，则不分组，由教师引导学生讨论。讨论时主要围绕案例主线开展，讨论内容以铁谱技术及企业面对的实际问题之间的关系为主。

由教师引导学生做出总结，具体阐述铁谱技术的原理和实现方法，以及在解决生产实际问题时如何应用铁谱技术及应用的具体效果。

练 习 题

（1）DRF-直读式、AF-分析式及 RF-旋转式三种铁谱获取的基本工作原理及各自的特点有哪些？

（2）分析光谱油液分析法、铁谱分析法及磁塞技术三种方法的区别及主要可监测的范围，即磨损残余物的大小及可以获取磨损残余物哪些主要的特征？

（3）润滑油液磨损残余物分析方法的一般过程是什么？

（4）为什么说 $\sum D_L + D_S$ 或 $\sum A_L + A_S$ 表示机器磨损总量？而 $\sum D_L - D_S$ 或 $\sum A_L - A_S$ 表示机器磨损的剧烈程度？

7 故障树分析方法及其应用

摘要：为加深对故障树分析基本方法及其应用的理解，本章详细地分析了三个典型的应用案例，介绍了故障树分析方法的基本步骤、顶上事件选取及主要因果关系分析方法的基本原理。本案例通过故障树的定性分析及定量分析，获得故障树的最小割集、最小路集及各底事件的重要度，从而建立安全控制方案并开展故障诊断的基本过程。

关键词：故障树；因果关系；定性分析

背景信息

　　故障树分析(Fault Tree Analysis,简称 FTA)又称事故树分析,是安全系统工程最重要的分析方法。故障树从一个可能的事故开始,自上而下、一层层地寻找顶事件的直接原因和间接原因事件,直到寻找到基本原因事件,并用逻辑图把这些事件之间的逻辑关系表达出来,形成一种特殊的倒立树状逻辑因果关系图。故障树分析采用逻辑运算的方法,对系统故障做定性及定量分析。

　　故障树分析的目的是帮助判明可能会发生的故障的模式和原因,发现可靠性和安全性薄弱环节,采取改进措施,以提高产品可靠性和安全性。利用故障树分析可计算故障发生概率,指导故障诊断、改进使用和维修方案等。另外,发生重大故障或事故后,FTA 也是故障调查的一种有效手段,它可以系统而全面地分析事故原因,为故障"归零"提供支持。本章列举了故障树在某化工厂甲醇羰基化生产醋酐合成反应釜爆炸事故中的应用,故障树在汽车故障诊断中的应用,以及故障树在化学反应控制系统中的应用三个案例,较为详尽地论述了故障树分析方法的基本原理和分析的主要步骤。

案例正文

7.1 醋酐合成反应釜的故障树分析

化工生产常处于易燃、易爆、有毒的生产环境中,经常会引发各类事故。本案例涉及的醋酐合成反应釜来自亚洲首家甲醇羰基化合成醋酐生产企业。该企业应用 FTA 进行分析,目的在于找出事故发生的基本原因,以便对甲醇羰基化生产醋酐采取安全措施和加强安全监控。

7.1.1 甲醇羰基化生产醋酐合成反应釜爆炸事故故障树

醋酐合成单元处于易燃、易爆、有毒的生产环境中,而且该单元的羰基化合成反应釜又是醋酐合成的核心设备。与此同时,鉴于此生产过程为新工艺,欠缺生产经验,故拟选用"甲醇羰基化生产醋酐合成反应釜爆炸"作为顶上事件。

甲醇羰基化生产醋酐合成反应釜爆炸事故树编制的基本步骤如下:

(1) 确定分析对象(顶上事件)

确定顶上事件为"甲醇羰基化生产醋酐合成反应釜爆炸"。

(2) 根据因果关系分析、编制事故树

从顶上事件开始,采用演绎分析法,一级一级向下找出所有原因事件,直到找到最基本的原因事件为止。

每一层事件都按照输入(原因)输出(结果)之间的逻辑关系用逻辑门连接起来,然后按其逻辑关系画出事故树。

"羰基化生产醋酐合成反应釜爆炸"为顶上事件,故首先将此顶上事件写在事故树图的最上方的矩形方框内。由反应釜爆炸可知,对于"反应压力异常升高""压力超过反应釜的承受能力"和"控制系统故障"三种情况,只有第一、第二种情况同时发生且在第三情况存在的条件下,反应釜爆炸事故才可能发生,因此第一层逻辑门为与门。

依此类推,直至事故树的规模和分析深度已达到可认为是基本事件的程度,得到的羰基化生产醋酐合成反应釜爆炸事故的故障树图如图 7-1 所示。

7.1.2 甲醇羰基化生产醋酐合成反应釜爆炸事故成功树

成功树的画法是将故障树的"与门"全部换成"或门","或门"全部换成"与门",并把全部事件的发生变成不发生,就是在所有事件上都加"′",使之变成原事件的补的形式。经过这样

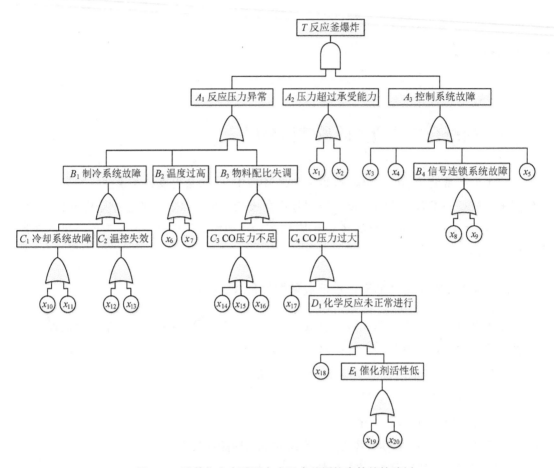

图 7-1　羰基化生产醋酐合成反应釜爆炸事故的故障树

变换后得到的树形就是原故障树的成功树,这种做法的原理是布尔代数的德·摩根定律。

羰基化生产醋酐合成反应釜爆炸事故的成功树如图 7-2 所示。

7.1.3　基本事件结构重要度的计算及排序

根据故障树可得 130 个最小割集(定性分析结果略),由成功树(图 7-2)可得 3 个最小径集:

$$P_1 = \{x_6, x_7, x_{10}, x_{11}, x_{12}, x_{13}, x_{14}, x_{15}, x_{16}, x_{17}, x_{18}, x_{19}, x_{20}\}$$
$$P_2 = \{x_3, x_4, x_5, x_8, x_9\}$$
$$P_3 = \{x_1, x_2\}$$

根据最小割集或最小径集近似判断结构重要系数的计算方法可得:

(1) 通过对比本例最小割集与最小径集,可知最小径集的数量少而且最小径集中含有的基本事件数量少,因此利用最小径集计算结构重要系数较简单,本案例利用最小径集计算结构重要系数。

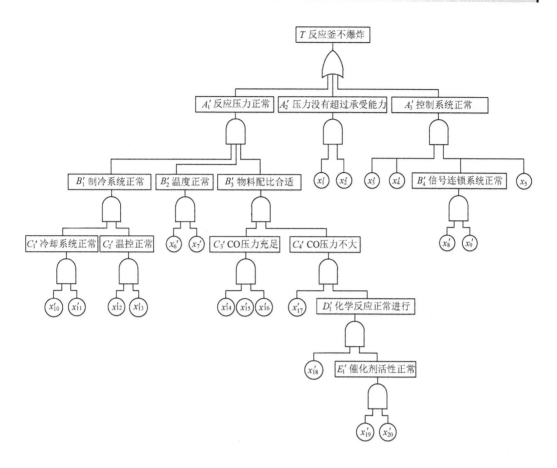

图 7-2 羰基化生产醋酐合成反应釜爆炸事故的成功树

（2）由成功树可知：x_1，x_2 同在一个最小径集中；x_3，x_4，x_5，x_8，x_9 同在一个最小径集中；x_6，x_7，x_{10}，x_{11}，x_{12}，x_{13}，x_{14}，x_{15}，x_{16}，x_{17}，x_{18}，x_{19}，x_{20} 同在一个最小径集中。

因此，各底事件的结构重要度关系如下：

$$I(6) = I(7) = I(10) = I(11) = I(12) = I(13) = I(14) = I(15) = I(16)$$
$$= I(17) = I(18) = I(19) = I(20)$$
$$I(3) = I(4) = I(5) = I(8) = I(9)$$
$$I(1) = I(2)$$

（3）根据结构重要系数近似计算公式，得到

$$I(1) = \frac{1}{2^{2-1}} = 2^{-1}$$

$$I(3) = \frac{1}{2^{5-1}} = 2^{-4}$$

$$I(6) = \frac{1}{2^{13-1}} = 2^{-12}$$

因此,得到结构重要度顺序为

$$I(1) = I(2) > I(3) = I(4) = I(5) = I(8) = I(9) > I(6) = I(7) = I(10) = I(11)$$

$$= I(12) = I(13) = I(14) = I(15) = I(16) = I(17) = I(18) = I(19) = I(20)$$

7.1.4 依据基本事件结构重要度系数确定安全控制优选方案

由故障树分析得出的各基本事件的结构重要度系数可知各基本事件对顶上事件影响的相对大小,借此可以找出系统的最薄弱环节,从而确定所应采取的相应安全措施的优先顺序,从而实现对生产安全的科学、合理、有效的控制。

7.2 故障树分析法在汽车故障诊断中的应用

7.2.1 因果关系分析

故障树由第一层顶端事件、中间多层中间事件、最后一层底端事件构成。在故障树中，首先要分析的是系统故障事件，即顶端事件。在汽车故障中，顶端事件是指最初的故障症状。底端事件是指不能再分开的基本事件。在汽车故障中，底端是指最小故障点。其他事件称为中间事件。注意：故障树中的底端事件不是最终的故障原因，而仅仅是最小故障点，如图 7-3 所示。

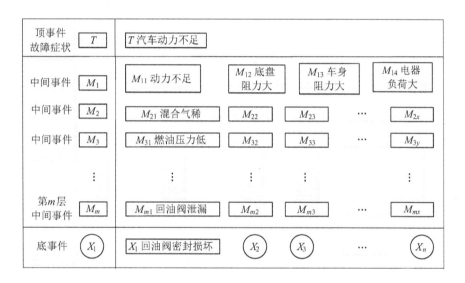

图 7-3　因果关系分析图表

7.2.2 建树

故障树是根据故障症状与故障原因间的逻辑关系建立起来的，顶端事件用矩形和 T 表示，底端事件用圆形和 X 表示。建树时要确定各层事件的逻辑关系，主要为"与"和"或"两种关系，并将各层事件用逻辑符号连接起来。逻辑"与"和"或"用符号表示，如图 7-4 所示。

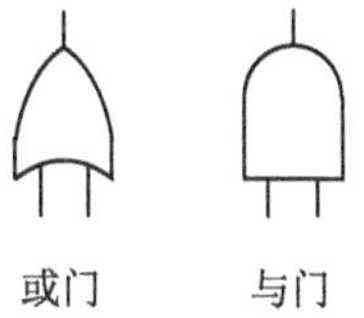

"或"表示低一层事件发生时，上一层事件就会发生。"或"关系是汽车故障中事件间的最常见的逻辑关系。例如：各缸没有点火和各缸没有喷油这两个事件中，只要有一个发生，发动机就不能启动。

或门　　与门

图 7-4　逻辑或门、与门符合

其逻辑关系图如图 7-5 所示。

"与"表示低一层的所有事件都发生时,上一层的事件才发生。例如:机油滤清器堵塞和旁通阀堵塞这两个事件同时发生才会导致机油压力完全没有。其逻辑关系图如图 7-6 所示。

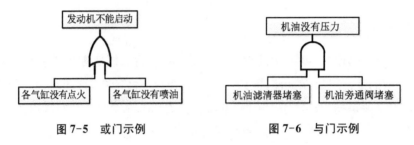

图 7-5　或门示例　　　　　　　　图 7-6　与门示例

7.2.3　故障树的定性分析

对故障树定性分析的主要目的是找出导致事件发生的全部可能原因,也就是导致故障症状发生的所有原因,弄清发生某种故障到底有多少种可能性。

例如,按逻辑关系,顶端事件为汽车动力不足的故障树如图 7-7 所示。

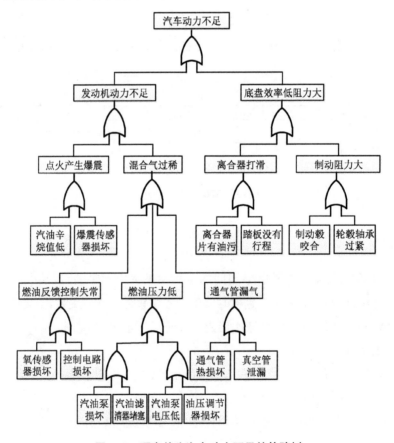

图 7-7　顶事件为汽车动力不足的故障树

故障树分析法在汽车故障分析中的实际运用主要体现在汽车制造厂家提供的维修手册中,手册中一般会有故障诊断指导表格和流程图,即故障诊断原因对照表和故障诊断流程图,前者是故障树的直接应用,后者是故障树的延伸应用。

故障症状原因对照表将故障症状(顶端事件)与故障原因(故障部件)以表格的形式列出,它将顶端事件和对应的全部底端事件都在表格中列出来,表格中的一个故障症状与多种可能的故障原因直接对应。

表 7-1 所示为福特汽车公司生产的蒙迪欧汽车空调系统故障症状与可能原因对照表,表格左边是故障症状,即顶端事件,右边是对应的可能原因,即底端事件。每一个可能的原因就是一个最小割集,对应一个故障的症状的所有可能原因,就是全部的最小割集。显然这是故障树的定性分析应用。

表 7-1　空调系统故障症状原因对照表

故障症状	可能原因/故障部件
空调(A/C)无法启动	熔断器
	线路
	A/C 系统中无压力 空调循环开关或压力截断开关 空调压缩机离合器
	动力控制模块(PCM) A/C 节气门全开断电器 风机电动机继电器 风机电动机控制模块
风机电动机无法转动或转动不正常(仅针对配置手动空调汽车)	熔断器
	线路
	风机电动机继电器
	风机电动机 风机电动机开关或风机电动机电阻器 熔断器
风机电动机无法转动或转动不正常[仅针对配置 EATC(电子自动温度控制)的汽车]	线路
	风机电动机继电器 风机电动机模块 风机电动机
空气循环不正常	线路
	循环风门电动机
	风机电动机控制模块/空调控制单元
	EATC 模块

（续表）

故障症状	可能原因/故障部件
除霜不正常	线路 除霜通气/温度调节混风门执行器 风机电动机控制模块/空调控制单元
	EATC 模块
仪表板/底板空气分配调整不工作	线路 仪表板/底板出风口/导管混合闸门执行器 风机电动机控制模块/空调控制单元 EATC 模块
温度控制器不工作	线路
	温度控制开关
	风机电动机控制模块/空调控制单元 EATC 模块 熔断器
电子自动温度控制(EATC)系统无法正常工作	线路
	传感器
	EATC 模块
恒温控制系统的照明灯不工作(仅正对配置)	线路

空调系统故障症状原因对照表是对汽车故障诊断非常有用的指导性资料,它可以帮助汽车维修人员迅速准确地查出常见故障原因,是十分有效的诊断工具。但是少见的和特殊的汽车故障症状的原因不一定能够在对照表中查到。因此,在实际的汽车故障诊断中还要注意查找技术通报(TSB),TSB 会将某一车型在一段时间内所发生的典型案例公布发表,以供全球范围内的汽车维修人员参考。

综上所述,故障树分析法在汽车故障诊断中的主要应用是汽车故障症状原因对照表,它可以作为一个十分有效的辅助工具使用,具有方便快捷的特点,但存在着对常见故障和多发故障症状和原因列举过多,而对少数故障和特殊故障症状和原因又列举不足的缺陷,因此,在实际故障诊断中要配合流程图来进行故障诊断。

7.3 化学反应控制系统的故障树分析

7.3.1 化学反应流程及安全控制

图 7-8 是某一化学反应流程及安全控制示意图。系统由冷却装置 2、供料装置 4 和泄压装置 5 组成。为了使冷却水温度、压力维持一定的关系，可根据温度计 1 与压力计 3 测定值输出信号，由计算机内部的调节器根据控制信号调节由冷却水泵出来的冷却水量，并靠调节阀使化学反应维持在正常状态。因此，当温度计 1 正常时，若系统超出温度上限，温度计 1 就会探测到不正常信号，报警器发出报警信号，操作员即可关闭手动阀门 4，停止供料，防止系统出现危险状态。这样，选择系统出现危险状态作为顶事件（不希望发生事件），就可以绘制出如图 7-9 所示的故障树。

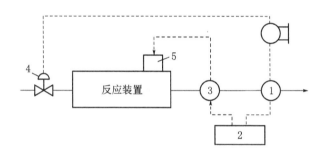

图 7-8 化学反应流程及安全控制示意图

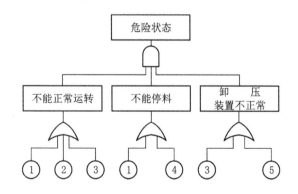

图 7-9 化学反应过程故障树示例

7.3.2 定性分析

对故障树进行定性分析的主要目的是弄清系统（或设备）出现某种故障（顶事件）有多少种可能性，主要分析内容就是计算故障树的最小割集。

145

如果某几个底事件的集合失效将引起系统故障的发生,则这个集合就称为割集。这就是说,一个割集代表了系统发生故障的一种可能性,即一种失效模式;与此相反,一个路集则代表了一种成功的可能性,即系统不发生故障的底事件的集合。

目前,求解最小割集的算法较多,较常用的算法有以下 2 种:

① 塞迈特赫算法

由塞迈特赫(Semanderes)研制并在小型计算机上使用的最小割集算法具体过程如下:对于给定的故障树,从最下一级中间事件开始,如中间事件是以逻辑与门和底事件联系在一起,可应用与门计算公式,如中间事件是以逻辑或门与底事件相联,则应用或门计算公式计算,顺次往上,直至顶事件,运算才结束。在所得计算结果中,如有相同底事件出现,就应用布尔代数加以简化。

对于图 7-9 所示故障树,显然可以写出:

$$T = (x_1 + x_2 + x_3)(x_1 + x_4)(x_3 + x_5)$$
$$= x_1 x_1 x_3 + x_1 x_3 x_4 + x_1 x_1 x_5 + x_1 x_4 x_5 + x_1 x_2 x_3 + x_2 x_3 x_4$$
$$+ x_1 x_2 x_5 + x_2 x_4 x_5 + x_1 x_3 x_3 + x_1 x_3 x_5 + x_3 x_3 x_4 + x_3 x_4 x_5$$
$$= x_1 x_3 + x_1 x_5 + x_3 x_4 + x_1 x_3 x_4 + x_1 x_4 x_5 + x_1 x_2 x_3 + x_2 x_3 x_4$$
$$+ x_1 x_2 x_5 + x_2 x_4 x_5 + x_1 x_3 x_5 + x_3 x_4 x_5$$

由此得到 11 个割集,再根据布尔代数吸收律,可得

$$T = x_1 x_3 + x_1 x_5 + x_3 x_4 + x_2 x_4 x_5$$

就是说,该故障树有 4 个最小割集,即 $x_1 x_3$、$x_1 x_5$、$x_3 x_4$、$x_2 x_4 x_5$。同时,可得到与其等价的故障树,如图 7-10 所示。

② 富塞尔算法

1972 年,富塞尔(Fussell)提出了一种算法,该算法根据故障树中的逻辑或门会增加割集的数目,逻辑与门会增大割集容量的性质,从故障树的顶事件开始,由上到下,顺次把上一级事件置换为下一级事件,遇到与门将输入事件横向并列写出,遇到或门则将输入事件竖向串列写出,直至把全部逻辑门都置换为底事件为止,由此可得该故障树的全部割集。

以图 7-10 所示的故障树为例,富塞尔算法的过程如图 7-11 所示,顶事件 T 是由或门 a

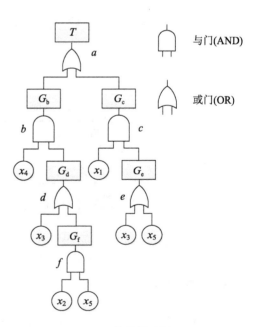

图 7-10　等价故障树

把中间事件 G_b、G_c 相联系。b 是与门,它下端是底事件 4 及中间事件 G_d。同样 c 也是与门,它的下端是底事件 1 及中间事件 G_e。d 是或门,它的下端是底事件 3 和中间事件 G_f。f 是与门,它的下端是底事件 2,5。e 是或门,它的下端是底事件 3,5。

可见,富塞尔推算结果与塞迈特里斯算法所得到的结果相同。由于图 7-10 的故障树已经过简化,故得到的都是最小割集。若得到的割集不是最小,则仍需根据布尔代数吸收律和结合律,求得最小割集。

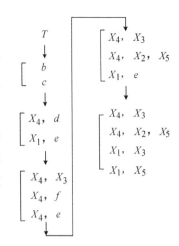

图 7-11　富塞尔方法的推算过程

7.3.3　定量计算

(1) 由最小割集结构函数求顶事件发生的概率

设系统最小割集的表达式为 $M_i(x)$,则系统最小割集结构函数 $\phi(x)$ 为

$$\phi(x) = \sum_{i=1}^{k} M_i(x) \tag{7-1}$$

式中,k 是最小割集数,$M_i(x)$ 的定义为

$$M_i(x) = \prod_{F_j \in M_i} x_j \tag{7-2}$$

求系统顶事件发生概率[使 $\phi(x) = 1$ 的概率],只要对式(7-1)两端取数学期望,式(7-3)中 g 即为顶事件发生概率

$$g = P\left\{ \sum_{i=1}^{k} M_i(x) = 1 \right\} \tag{7-3}$$

令 E_i 为属于最小割集 M_i 的全部底事件均发生的事件,则顶事件发生的事件即是 k 个 E 中至少有一个发生的事件,因此

$$g = P\left\{ \sum_{i=1}^{k} E_i \right\} \tag{7-4}$$

如果将事件和的概率写作 F_j,则

$$F_j = \sum_{1 < j_1 < j_2 < \cdots < j_f < k} p\{ E_{i1} \wedge E_{i2} \wedge \cdots \wedge E_{ii} \} \tag{7-5}$$

则式(7-4)可以展开为

$$
\begin{aligned}
g &= \sum_{j=1}^{k} (-1)^{j-1} F_j \\
&= \sum_{r=1}^{k} P\{E_r\} - \sum_{1 < i < j < k} P\{E_i \wedge E_j\} + \cdots + (-1)^{k-1} P_r\left\{ \prod_{r=1}^{k} E_r \right\}
\end{aligned}
\tag{7-6}
$$

如已知底事件发生概率为 q_i，式(7-5)可写成

$$F_j(q) = \sum_{1 < i_1 < i_2 < \cdots < i_j < k} \quad \prod_{i \in k_{i1} \vee k_{i2} \vee \cdots \vee k_{ij}} q_i \tag{7-7}$$

而可得到

$$g(q) = \sum_{r=1}^{k} \prod_{i \in k_r} g_i - \sum_{1 < i < j < k} \quad \prod_{i \in k_i \vee k_j} g_i + \cdots + (-1)^{k-1} \prod_{k=1}^{k} g_i \tag{7-8}$$

据此，可以求出图 7-9 故障树的顶事件发生概率为

$$\begin{aligned}
g(q) = &[q_1 q_5 + q_1 q_3 + q_3 q_4 + q_2 q_4 q_5] - [q_1 q_3 q_5 + q_1 q_3 q_4 q_5 \\
&+ q_1 q_2 q_4 q_5 + q_1 q_3 q_4 + q_1 q_3 q_4 q_5 + q_2 q_3 q_4 q_5] + [q_1 q_3 q_4 q_5 \\
&+ q_1 q_2 q_3 q_4 q_5 + q_1 q_2 q_3 q_4 q_5 + q_1 q_2 q_3 q_4 q_5] - q_1 q_2 q_3 q_4 q_5
\end{aligned}$$

如

$$q_1 = q_2 = q_3 = 1 \times 10^{-3}$$
$$q_4 = q_5 = 1 \times 10^{-4}$$
$$g(q) = 0.000\,001\,200\,1$$

如各底事件相互独立，可以求得

$$g(q) = 1 - (1 - q_1 q_5)(1 - q_1 q_3)(1 - q_3 q_4)(1 - q_2 q_4 q_5) = 0.000\,001\,200\,1$$

如各底事件为相斥事件，则求得

$$g(q) = q_1 q_5 + q_1 q_3 + q_3 q_4 + q_2 q_4 q_5 = 0.000\,001\,200\,1$$

(2) 事件重要度计算

一个故障树往往包含多个底事件，为了比较它们在故障树中的重要性，即了解各个部件在系统(设备)中的重要性，可作以下重要度计算：

① 结构重要度

某个底事件的结构重要度是在不考虑其发生概率值的情况下，观察故障树的结构，以决定该事件的位置重要程度。

由于底事件 i 的状态 x_i 取 0 或 1，$i = 1, 2, \cdots, n$，则由 n 个事件组合的系统状态数应为 2^{n-1}。因此，可以定义底事件 i 的结构重要度 $I_\phi(i)$ 为

$$I_\phi(i) = \frac{1}{2^{n-1}} \sum_{(x/x_i=1)} [\phi(1_i x) - \phi(0_i x)] \tag{7-9}$$

其中，$x / x_i = 1$ 表示 $x_i (i = 1, 2, \cdots, n)$ 各逻辑变量中，第 i 个变量取值为 1；

$\phi(1_i, x)$ 表示结构函数中第 i 个逻辑变量取值为 1（即第 i 个底事件发生了）；

$\phi(0_i, x)$ 表示结构函数中第 i 个逻辑变量取值为 0（即第 i 个底事件没有发生）。

试以图 7-9 故障树为例，来求底事件 1～5 的结构重要度。为了清楚起见，先列出底事件状态与顶事件状态表，见表 7-2。

对于底事件 1，首先我们找出底事件 1 发生和顶事件发生的情况，亦即 $y_1=1$, $\phi=1$ 的那些集合，再从中选出 $y_1=0$, $\phi=0$ 的集合，这样得到的 6 组集合 (1, 0, 0, 0, 1), (1, 0, 0, 1, 1), (1, 0, 1, 0, 0), (1, 0, 1, 0, 1), (1, 1, 0, 0, 1)，以及 (1, 1, 1, 0, 1) 就是底事件 1 的关键割集，因而底事件 1 的结构重要度 $I_\phi(1)$ 为

$$I_\phi(1) = \frac{7}{2^4} = \frac{7}{16}$$

同样，可以求得其他底事件的结构重要度，按大小排列分别为

$$I_\phi(3) = \frac{7}{16},\ I_\phi(4) = I_\phi(5) = \frac{5}{16},\ I_\phi(2) = \frac{1}{16}$$

可以看出，在这个故障树中，底事件 1、3 最为重要，而底事件 2 最不重要。分析图 7-9 故障树所具有的 4 组最小割集 {1, 3}、{1, 5}、{3, 4} 及 {2, 4, 5}，对这一重要度排序就不难理解了：底事件 1、3 在由 2 个事件组成的最小割集中都出现了 2 次；底事件 4 和底事件 5 则在由 2 个底事件和 3 个底事件组成的最小割集中各出现 1 次；底事件 2 则仅在由 3 个事件组成的最小割集中出现了 1 次。底事件的结构重要度的计算值也很好地反映了这个事实。

表 7-2　底事件状态与顶事件状态

x_1	x_2	x_3	x_4	x_5	ϕ	x_1	x_2	x_3	x_4	x_5	ϕ
0	0	0	0	0	0	1	0	0	0	0	0
0	0	0	0	1	0	1	0	0	0	1	1
0	0	0	1	0	0	1	0	0	1	0	0
0	0	0	1	1	0	1	0	0	1	1	1
0	0	1	0	0	0	1	0	1	0	0	1
0	0	1	0	1	0	1	0	1	0	1	1
0	0	1	1	0	1	1	0	1	1	0	1
0	0	1	1	1	1	1	0	1	1	1	1
0	1	0	0	0	0	1	1	0	0	0	0
0	1	0	0	1	0	1	1	0	0	1	1
0	1	0	1	0	0	1	1	0	1	0	0
0	1	0	1	1	1	1	1	0	1	1	1
0	1	1	0	0	0	1	1	1	0	0	1

x_1	x_2	x_3	x_4	x_5	ϕ	x_1	x_2	x_3	x_4	x_5	ϕ
0	1	1	0	1	0	1	1	1	0	1	1
0	1	1	1	0	1	1	1	1	1	0	1
0	1	1	1	1	1	1	1	1	1	1	1

② 概率重要度

底事件发生概率的变化引起顶事件发生概率的变化程度，为概率重要度 $I_g(i)$，其数学定义为

$$I_g(i) = \frac{\partial_g(q)}{\partial q_i} \tag{7-10}$$

在与门故障树（即故障树只有一个与门）情况下

$$g(q) = \prod_{i=1}^{\pi} q_i \tag{7-11}$$

在或门故障树（即故障树只有一个或门）情况下

$$g(q) = \prod_{i=1}^{\pi} q_i = 1 - \prod_{i=1}^{\pi}(1 - q_i) \tag{7-12}$$

在一般情况下

$$g(q) = q_i g(1_i q) + (1 - q_i) g(0_i q) \tag{7-13}$$

概率重要度为

$$I_g(i) = g(1_i q) - g(0_i q), \ 0 < I_g(i) < 1 \tag{7-14}$$

因此，顶事件发生概率 g 的变化量 Δg 与底事件发生概率的变化量 Δq_i 间的近似关系为

$$\Delta g \approx \sum_{i=1}^{n} I_g(i) \cdot \Delta q_i \tag{7-15}$$

从这里可以看出，如能使概率重要度大的底事件的发生概率有较小的下降，就可使顶事件发生概率有效地降低。

设如图 7-9 所示故障树的各底事件的发生概率为：

$$q_1 = 0.01, \ q_2 = 0.02, \ q_3 = 0.03, \ q_4 = 0.04, \ q_5 = 0.05$$

可以求出各底事件的概率重要度：

$I_g(1) = 0.048, \ I_g(2) = 0.002, \ I_g(3) = 0.049, \ I_g(4) = 0.031, \ I_g(5) = 0.010$

各底事件的概率重要度可按顺序排列如下：

$$I_g(3) > I_g(1) > I_g(4) > I_g(5) > I_g(2)$$

即底事件 3 的概率重要度为最高,底事件 1 次之,底事件 2 最低。底事件 2 与其他底事件相比较,它的重要度要小 1 个数量级。

③ 关键性重要度

底事件 i 的关键性重要度的定义为

$$I_c(i) = \frac{\partial \ln g(q)}{\partial \ln q_i} = \frac{\partial g}{g} \bigg/ \frac{\partial q_i}{q_i} \tag{7-16}$$

它与概率重要度 $I_g(i)$ 的关系为

$$I_c(i) = \frac{q_i}{g} I_g(i)$$

可以看出,关键性重要度是顶事件发生概率与某事件概率变化率之比。

计算图 7-9 故障树的关键性重要度(各事件概率值同前)可得

$$I_c(1) = 0.24; \ I_c(2) = 0.02; \ I_c(3) = 0.735; \ I_c(4) = 0.62; \ I_c(5) = 0.25$$

按其数字大小顺序可排列为:

$$I_c(3) > I_c(4) > I_c(5) > I_c(1) > I_c(2)$$

可以看出,与概率重要度相比,底事件 1 的重要性降低了。这是因为在所有事件中,底事件 1 的概率 $q_1 = 0.01$ 为最低。因此,关键性重要度反映出改变原来发生概率小的事件要比改变原来发生概率大的事件困难。

总结

本章列举了某化工厂甲醇羰基化生产醋酐合成反应釜爆炸事故故障树分析、故障树在汽车故障诊断中的应用、故障树在化学反应控制系统中的应用三个案例,较为详尽地论述了故障树分析方法的基本原理和应用的主要步骤。案例中,虽然省略了最小割集、最小路集及径集的分析、计算过程,但给出了主要的结果,并据此进行了系统安全控制方案的设计,说明了开展故障诊断的基本方法。案例中计算了底事件的结构重要度,描述了应用故障树分析进行系统安全性分析的基本步骤,提供了较为翔实、具体的数值结果。

但要注意以下几个问题:

(1) 故障树分析方法的难点于在建树,这往往取决于对系统的理解和限定,特别是进行大系统安全性分析时,不同的人往往给出不同的树。

(2) 故障树分析通常主要包括定性和定量分析两个主要的步骤。应用故障树时根据需求往往只进行部分内容的分析、计算。

案例使用说明

(1) 适用范围

适用对象：机械专业学位研究生或高年级本科生，相关的技术人员等。

适用课程：机械故障诊断学、专业综合实验专题等。

(2) 教学目的

通过进行实际应用中的系统分析、建树，以及进行故障树定性分析与定量计算，使学生进一步理解故障树分析的基本步骤，掌握故障树的定性分析及定量计算方法；拓展所学知识，加深对故障树分析及实际应用方法的理解；了解系统事件确定、逻辑关系判断的基本方法，掌握故障树分析中基本的计算方法。

(3) 教学准备

① 简要介绍故障树的基本概念及故障树分析方法，以及定性、定量分析的主要内容和方法等。

② 重点介绍故障树的定性分析方法，包括最小割集、路集的概念和计算方法。

③ 简要介绍案例涉及企业的行业背景，主要生产工艺；举例说明故障树分析方法及存在的问题，特别是对企业生产效率及经济利益的影响。

(4) 案例分析要点

案例分析涉及的主要知识点包括以下几个方面：

① 故障树分析的基本方法；结构重要度的概念及分析、计算方法。

说明：这部分内容结合系统安全分析的实际需求讲解，但重点要讲解结构重要度、概率重要度及顶事件发生概率的计算方法。

② 最小割集、路集的概念及主要的计算分析方法，包括塞迈特里斯算法或富塞尔算法及主要的编程技术。

③ 相关的前沿技术的介绍及评价。

说明：这部分是案例分析的重点内容，也是主要的技术难点。让学生根据关键词在知网上查阅相关文献，开展案例讨论，教师再根据结果及存在的问题进行讲解。

简要介绍目前故障树分析方法的发展及应用状况、相关的前沿技术，特别要指出故障树分析法目前在解决生产实际问题时的局限性。

(5) 教学组织方式

① 主要内容

故障树及故障树分析方法的基本概念；故障树分析的原理及基本步骤，故障树分析在机器运行状态监测及故障诊断中的应用。

② **教学资料**

案例教案（讲义），原始数据、教学案例正文。

③ **课时分配**

教学内容及课时分配如表 7-3 所示，案例教学的内容主要包括案例背景及相关知识的讲解，重点内容是案例主体部分的展开，主要的教学方式有课堂讲解及讨论，最后是应用总结。

④ **讨论方式**

以小组讨论为主，如果班级人数在 20 人以下，则不分组，由教师引导学生围绕案例主线开展讨论。

由教师引导学生做出总结，具体阐述故障树分析的原理和方法；在解决生产实际问题中如何应用故障树分析的原理和方法及应用的具体效果。

表 7-3　案例教学内容及课时分配

教学内容提要	时间分配	教学方法与手段设计
1. 背景及相关知识 （1）行业及企业背景介绍 （2）案例涉及的基本概念及故障树分析方法 （3）定性分析及定量计算方法 **2. 案例分析** （1）系统定义，顶事件、中间事件及底事件的 　　选择（给出实际系统，进行分析、讨论） （2）故障树分析方法 （3）应用总结	 2 min 4 min 4 min 30 min 10 min 10 min	用提出问题、启发等方法引出故障树的概念、故障树分析方法，进而引出系统安全分析及故障诊断问题； 回顾机械故障诊断学中的相关概念及方法，特别是定性、定量分析计算及其应用； 案例讲解和课堂讨论，注意围绕案例主线问题，启发和调动学员学习的积极性，加强与学员的交流与互动

练 习 题

（1）某机械装置的故障树如图 7-12 所示，共有四个底事件 $x_1 \sim x_4$，四个中间事件 $G_b \sim G_e$，其中 T 为不希望事件。

① 求出该故障树的结构函数 $\phi(x)$。

② 求解该故障树的最小割集。

③ 假设各底事件发生的概率为 $q_1 = q_2 = q_3 = 0.01$；$q_4 = 0.001$，列式计算顶事件发生的概率 $Q(T)$。

④ 试计算各底事件的结构重要度，并比较各底事件的重要程度。

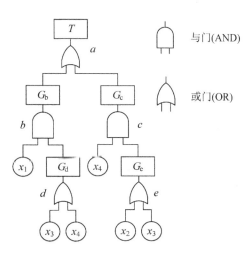

图 7-12　某机械装置的故障树

（2）某故障树如图 7-13 所示,请运用布尔运算规则简化该故障树。

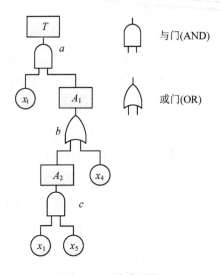

图 7-13　故障树图

参考文献

［1］屈梁生,何正嘉.机械故障诊断学[M].上海:上海科学技术出版社,1986.

［2］杨叔子,史铁林.设备诊断技术的现状与未来[J].设备管理与维修,1995,11(133):18-21.

［3］钟秉林,黄仁.机械故障诊断学[M].2版.北京:机械工业出版社,2003.

［4］吴松林.传感器与检测技术基础[M].北京:北京理工大学出版社,2009.

［5］吴松林,赵冲.机械工程测试技术[M].北京:北京理工大学出版社,2019.

［6］夏希楼.机械设备故障检测诊断技术的现状与发展[J].煤矿机械,2007,28(3):183-185.

［7］李红芳,张清华,谢克明.旋转机械的并发故障诊断技术研究进展[J].噪声与振动控制,2008(3):
67-70.

［8］范士娟,杨超.液压系统故障智能诊断技术现状与发展趋势[J].液压与气动,2010(3):22-26.

［9］朱大奇,于盛林.基于D-S证据理论的数据融合算法及其在电路故障诊断中的应用[J].电子学报,
2002,30(2):221-223.

［10］王万良.人工智能及其应用[M].3版.北京:高等教育出版社,2016.

［11］朱大奇,于盛林.电子电路故障诊断的神经网络数据融合算法[J].东南大学学报(自然科学版),
2001,31(6):87-90.

［12］何友,王国宏.多传感器信息融合及应用[M].北京:电子工业出版社,2000.

［13］张绪锦,谭剑波,韩江洪.基于BP神经网络的故障诊断方法[J].系统工程理论与实践,2002,22(6):
61-66.

［14］林英祥,孙清磊,陈萍,等.冲击脉冲技术在滚动轴承故障诊断中的应用[J].海军工程大学学报,
25(4):85-90.

［15］吴今培,肖健华.智能故障诊断技术与专家系统[M].北京:科学出版社,1997:5-10

［16］何斌,戚佳杰,黎明和.小波分析在滚动轴承故障诊断中的应用研究[J].浙江大学学报(工学版),
2009,43(7):1218-1221.

［17］张辉,王淑娟,张青森,等.基于小波包变换的滚动轴承故障诊断方法的研究[J].振动与冲击,2004,
23(4):4.

［18］陶海亮,潘波,高庆,等.滚动轴承.转子系统非线性动力响应分析[J].燃气轮机技术,2013,26(1):
15-20.

［19］张旭.滚动轴承故障诊断的仿真研究[J].计算机仿真,2012,29(5):4.

［20］王晶,陈果,郝腾飞.滚动轴承早期故障的多源多方法融合诊断技术[D].南京:南京航空航天大
学,2013.

［21］李小兵,刘莹,郭纪林,等. 不同机加工表面微观形貌的特征分析［J］. 润滑与密封,2007,32(7)：26-28.

［22］宋万伟. 基于"S"形试件的切削痕迹检测技术的研究［D］. 成都:电子科技大学,2017.

［23］戴玉琦,张国庆,周梦华. 金刚石车削刀高误差下表面特征及力学表现［J］. 深圳大学学报(理工版),2020,37(5):543-550.

［24］吴松林,陈恒. 机械故障诊断学［M］. 汕头:汕头大学出版社,2022.

［25］盛兆顺,尹琦岭. 设备状态监测与故障诊断技术及应用［M］. 北京:化学工业出版社,2003.

［26］刘亚辉. 基于机器视觉铣削刀具磨损在机检测系统研究［D］. 哈尔滨:哈尔滨理工大学,2020.

［27］程训,余建波. 基于机器视觉的加工刀具磨损监测方法［J］. 浙江大学学报(工学版),2021,55(5)：896-904.

［28］秦奥苹. 基于机器视觉的刀具磨损在机自动检测系统研究［D］. 成都:西南交通大学,2021.

［29］张凤翔,赵辉,于汶. 采用图象测量技术实现指针式仪表示值的智能判读［J］. 计量技术,1995(9):28-30.

［30］赵艳琴,杨耀权,田沛. 基于计算机视觉技术的指针式仪表示值的自动判读方法研究［J］. 电力情报,2001,17(3):39-42.

［31］范兆军,郑海起,戚洪海. 基于信息融合技术的机械系统故障诊断框架研究［J］. 科学技术与工程,2006,6(23):4709-4713.

［32］王敏,王万俊,熊春山,等. 基于多传感器数据融合的故障诊断技术［J］. 华中科技大学学报,2001,29(2):96-98.

［33］Raja J, Muralikrishnan B, Fu S Y. Recent advances in separation of roughness, waviness and form［J］. Precision Engineering, 2002, 26(2): 222-235.

［34］Castleman K R. Digital image processing［M］. Upper Suddle River: Prentice Hall Press, 1996.

［35］Fu S Y, Muralikrishnan B, Raja J. Engineering surface analysis with different wavelet bases［J］. Journal of Manufacturing Science and Engineering, 2003, 125(4): 844-852.

［36］Wu S L, Xue S, Ning R, et al. Machine vision based study on state recognition of milling cutter［C］//Journal of Physics: Conference Series. IOP Publishing, 2020, 1626(1): 012107.

［37］Valíček J, Držik M, Ohlídal M, et al. Optical method for surface analyses and their utilization for abrasive liquid jet automation［C］//Proceedings of the 2001 WJTA American Waterjet Conference, M. Hashish (ed.), WJTA, Minneapolis, Minnesota. 2001: 1-11.

［38］Wu S L, Dang L, Yang Q, et al. Optic grating sensor based high precision straight-line displacement measurement and its error analysis［C］//2019 International Conference on Modeling, Simulation, Optimization and Numerical Techniques (SMONT 2019). Atlantis Press, 2019: 215-218.

［39］Wu S L, Zhang M, Zhang B, et al. Image processing methodology for features extraction of GRIN lens end［C］//2018 IEEE International Conference of Safety Produce Informatization (IICSPI). Chongqing, China. IEEE, 2018: 458-461.

［40］Wu S L, Valicek J. Wavelet based separation for synthetic topographical characterization of surface prepared by abrasive water jet[J]. Applied Mechanics and Materials，2012，229：2648-2652.

[41] García-Ordás M T，Alegre E，González-Castro V，et al. A computer vision approach to analyze and classify tool wear level in milling processes using shape descriptors and machine learning techniques [J]. The International Journal of Advanced Manufacturing Technology，2017，90(5)：1947-1961.

[42] Fernández-Robles L，Azzopardi G，Alegre E，et al. Identification of milling inserts in situ based on a versatile machine vision system[J]. Journal of Manufacturing Systems，2017，45：48-57.

[43] Guo Z H，Wang W，Jia G. A topology mapping method for feature extraction of irregular curve shape[J]. Journal of Harbin Institute of Technology(New Series)，1995(3)：23-28.

[44] Corra Alegria E，Cruz Serra A. Automatic calibration of analog and digital measuring instruments using computer vision[J]. IEEE Transactions on Instrumentation and Measurement，2000，49(1)：94-99.

[45] Raja J，Muralikrishnan B，Fu S Y. Recent advances in separation of roughness，waviness and form [J]. Precision Engineering，2002，26(2)：222-235.

[46] Fu S Y，Muralikrishnan B，Raja J. Engineering surface analysis with different wavelet bases[J]. Journal of Manufacturing Science and Engineering，2003，125(4)：844-852.